煤炭高等教育“十四五”规划教材

矿物加工工程专业实验教程

（第二版）

主　编　邱　俊　吕宪俊
副主编　吴　蓬　张同环
　　　　柳　晓　孙玉凤

中国矿业大学出版社
·徐州·

内 容 提 要

本书是为适应高等学校矿物加工工程专业教学实验的规范性要求，加深学生对矿物加工基础理论的理解，提高学生的动手能力和专业创新能力而编写的。全书共分为三篇：第一篇是专业基础实验，具体包括工艺矿物学、破碎磨矿、重力选矿、磁电选矿、浮选及化学选矿等实验内容；第二篇是专业综合实验，包括煤泥分选、黑色金属选矿、有色金属选矿以及非金属选矿等内容；第三篇是物料性能及指标分析检测实验，具体包括物料的性能分析、组成分析和化学分析方法。

本书可用作高等学校矿物加工工程专业学生的专业实验教学用书，也可用作矿物加工工程领域相关技术人员、管理人员以及实验室化验人员的参考书。

图书在版编目(CIP)数据

矿物加工工程专业实验教程/邱俊，吕宪俊主编.
—2版.—徐州：中国矿业大学出版社，2022.9
ISBN 978-7-5646-5563-1

Ⅰ.①矿… Ⅱ.①邱… ②吕… Ⅲ.①选矿—实验—高等学校—教材 Ⅳ.①TD9—33

中国版本图书馆 CIP 数据核字(2022)第 175967 号

书　　名　矿物加工工程专业实验教程(第二版)
主　　编　邱　俊　吕宪俊
责任编辑　陈　慧
出版发行　中国矿业大学出版社有限责任公司
　　　　　　(江苏省徐州市解放南路　邮编 221008)
营销热线　(0516)83884103　83885105
出版服务　(0516)83995789　83884920
网　　址　http://www.cumtp.com　**E-mail**:cumtpvip@cumtp.com
印　　刷　徐州中矿大印发科技有限公司
开　　本　787 mm×1092 mm　1/16　**印张** 11　**字数** 275 千字
版次印次　2022 年 9 月第 2 版　2022 年 9 月第 1 次印刷
定　　价　32.00 元

前　言

本书是按照高等院校矿物加工工程专业学生培养目标和培养计划要求，以近年来矿物加工工程技术迅速发展、分析技术不断进步和学生知识水平不断提高等客观事实为出发点，在参考现有相关教材的基础上编写而成的。本书针对的课程“矿物加工工程专业实验”，一般在学生学习了工艺矿物学、破碎磨矿、重力选矿、磁电选矿、浮选及矿石可选性研究等主干专业课程后开设，是一门与专业课程理论相配套的实践性课程。本书内容兼顾课堂教授和实验操作两方面的需要，注重理论联系实际，具有很强的可操作性和实践性，不但能够强化学生对各种矿物加工基础理论、基本原理、基本选矿工艺方法的理解，培养学生的动手能力和实验数据分析能力，还可以增强学生对矿物加工工程专业方向的兴趣，拓宽专业视野，提高科学研究能力，为进一步提高专业技能打下坚实的实验基础。

本书第一版自2016年出版以来，已经在山东科技大学及部分兄弟院校的矿物加工工程专业教学中被选为矿物加工工程专业实验教学用书，应用效果良好，并在2020年获得“第三届煤炭行业优秀教材二等奖”。这期间，我们一直在收集问题和听取建议。本次再版对第一版内容进行了全面修订，同时增加了一些实验，由46个实验增至62个实验，使本书可以更好地满足不同院校矿物加工工程专业实验教学的需要，也可供矿物加工工程专业及相关专业领域的研究生、工程技术人员、管理人员及实验室分析化验人员参考。

全书共分为三部分：第一篇是专业基础实验，具体包括工艺矿物学、破碎磨矿、重力选矿、磁电选矿、浮选及化学选矿等实验内容，主要目的在于培养学生矿物加工单元实验操作能力；第二篇是专业综合实验，包括煤泥分选、黑色金属选矿、有色金属选矿以及非金属选矿等内容，主要目的是培养学生独立分析问题和解决问题的能力，如果实验条件允许，建议在教师的指导下由学生自行设计实验方案并完成；第三篇是物料性能及指标分析检测实验，具体包括物料的性能分析、组成分析和化学分析方法，以满足学生对实验原料以及实验产品指标的常规分析需求。

本书由山东科技大学化学与生物工程学院邱俊和吕宪俊担任主编，吴蓬、张同环、柳晓和孙玉凤担任副主编，其中吴蓬、张同环、柳晓负责新增实验内容的编写工作，邱俊、孙玉凤负责第一版教材的修订工作，全书由柳晓、孙玉凤负责统一整理和校核，邱俊和吕宪俊统稿，另外课题组的研究生王越婷、陈国伟也参与了教材中部分内容的修订工作。

本书编写过程中，参阅了国内外相关资料和成果，在此对相关作者表示衷心感谢。也特别感谢使用本书第一版的读者提出宝贵建议。由于编者水平所限，书中难免有错误和不当之处，诚望各位专家、老师、同学批评指正。

编　者

2022 年 9 月

目　录

第一篇　专业基础实验

第一篇　专业基础实验

第一章　工艺矿物学

实验1　单偏光下透明矿物的光学性质

一、实验目的

学习偏光显微镜的结构，初步掌握偏光显微镜的使用方法；学习单偏光下透明矿物的主要物理性质。

二、基本原理

偏光显微镜是研究矿物晶体光学性质、对矿物进行镜下鉴定的重要仪器。

利用偏光显微镜下偏光镜的起偏化作用，自然光透过下偏光镜后变为偏振光，透射到0.03 mm的矿石或岩石薄片，矿石或岩石薄片中不同矿物由于具有不同的化学成分和晶体结构，因而具有不同的光学性质，根据其各自的光学性质，可以在偏光显微镜下对其进行观察和定性定量研究。

在单偏光下可以研究矿物的晶体形态、解理，矿物的颜色和多色性以及矿物的突起、糙面和贝克线等特征。

（一）矿物晶体形态

（1）自形晶：晶形完好，晶体由发育完整的晶面包围。晶体呈规则的多边形，晶体与薄片的交线全为直线。

（2）半自形晶：晶形较完整，晶体由部分发育完整的晶面和发育不完整的晶面包围，在薄片中呈不规则的多边形。晶体与薄片的交线部分为直线，部分为不规则曲线。

（3）他形晶：晶形不完整，晶体由发育不完整的晶面组成，在薄片中呈不规则圆粒状。晶体与薄片的交线全是不规则曲线。

（二）矿物的解理

解理是矿物鉴定的重要依据。不同矿物解理的组数、方向、完善程度及夹角不同，根据解理发育完善程度，显微镜下矿物解理分为3级。

（1）极完全解理：解理缝细、密、直、长，而且贯穿整个矿物晶粒，如黑云母。

（2）完全解理：解理缝较稀、粗，且不完全连贯，如角闪石。

（3）不完全解理：解理缝断断续续，有时只能看出解理的大致方向，如橄榄石。

（三）矿物颜色及多色性、吸收性

1．矿物的颜色

矿物的颜色是由光波透过薄片时经矿物的选择性吸收后产生的。矿物对光吸收能力的大小与矿物本身的晶体结构有关，同时还与薄片的厚度有关。

均质体矿物只有一种颜色，且颜色深浅无变化；非均质体矿物的颜色及深浅随方向而改变，在单偏光下旋转物台，非均质体矿物的颜色和深浅都要发生变化，表现为矿物的多色性和吸收性。

2. 矿物的多色性、吸收性

单偏光下，矿物的颜色随光波振动方向的不同而发生改变的现象称为矿物的多色性。单偏光下，矿物的颜色深浅发生变化的现象称为矿物的吸收性。

3. 矿物的边缘、贝克线、粗糙面及突起

由于矿物与加拿大树胶的折射率不同，当光线透过二者交界处发生折射、反射等光学现象，视觉表现为边缘、贝克线、粗糙面及突起。

三、仪器设备与材料

(1) 透反两用偏光显微镜 1 台(图 1-1-1)。

(2) 角闪石、橄榄石、石英闪长岩、花岗岩薄片各 1 片。

四、实验步骤

(一) 偏光显微镜的结构与调节

1. 偏光显微镜的构造

了解偏光显微镜的构造(目镜、物镜、载物台、偏光镜、镜座、调焦螺旋等)及使用方法。

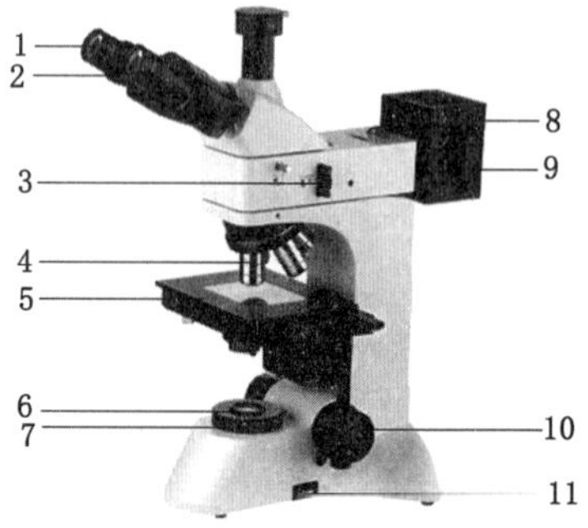

1—目镜；2—视度调节圈；3—偏光镜；4—物镜；5—载物台；6—滤色片底座；7—视场光栏调节圈；8—照射器；9—亮度调节旋钮；10—调焦旋钮；11—电源开关。

图 1-1-1 透反两用偏光显微镜

2. 偏光显微镜的调节与校正

(1) 装卸镜头：将选好的目镜插入镜筒，并使其十字丝位于东西、南北方向。因显微镜的类型不同，物镜的装卸有以下几种类型：弹簧夹型、转盘型、织丝扣型和插板型等。

(2) 调节照明：装上中倍物镜(10×)和目镜后，推出上偏光镜与勃氏镜，打开锁光圈，调节光源旋钮，从目镜观察直到视域亮度合适为止。注意光线不要太强，否则易使眼睛疲劳。

(3) 准焦：将欲观察的矿物薄片移动到载物台中央，用弹簧夹夹紧。从侧面看着物镜头，转动粗螺旋，使镜筒下降到最低位置(但物镜不能碰到薄片)。再从目镜中观察视域，同时反向转动粗动螺旋使镜筒缓慢上升，直到视域内物像清晰为止，此时再用微动螺旋调节能使效果更为满意。

(4) 校正中心：转动载物台时，如果视域内的物像转出视域外，这时必须进行中心校正，具体调节方法根据教材内容在教师的指导下完成。

(5) 显微镜下偏光振动方向的确定：确定下偏光镜的振动方向，应用具有清晰解理的黑云母薄片来确定。将薄片置于载物台上，推出上偏光镜，准焦后旋转载物台，使黑云母颜色变得最深为止，这时黑云母解理缝的方向，就代表下偏光镜的振动方向。

(二) 单偏光下矿物的光学性质观察

观察内容包括矿物晶体形态、颜色、多色性、突起、糙面、贝克线以及解理和解理夹角测量。

(1) 观察黑云母的多色性和极完全解理：在薄片中找出不同切面的黑云母，观察其颜色变化及多色性程度，并观察解理缝的清晰情况及完善程度。

(2) 观察角闪石的多色性现象和两组完全解理。

(3) 测量角闪石的解理夹角。具体方法为：选择垂直于两组解理面的切面；转动载物台，使一组解理缝平行十字丝竖丝，记下载物台读数；旋转载物台，使另一组解理缝平行目镜竖丝，记下载物台读数，两次读数之差即为解理夹角。

(4) 观察突起、糙面、贝克线。观察并比较石榴石、橄榄石、辉石、角闪石、石英、萤石等的突起、边缘、糙面；确定石英与白云母、辉石(或角闪石)与长石等的突起正负等级，并用贝克线法比较其折射率的相对大小；观察方解石的闪突起现象。

五、实验结果记录与分析

实验结果与分析记入表 1-1-1 和表 1-1-2。

表 1-1-1　单偏光下矿物的光学性质(一)

薄片名称：　　　　　　　　　　　　　　薄片来源：

薄片号	矿物名称	解理				多色性		素描图
		组数	完善程度	特点	夹角	最深时颜色	最浅时颜色	晶形、消光及解理
1	黑云母							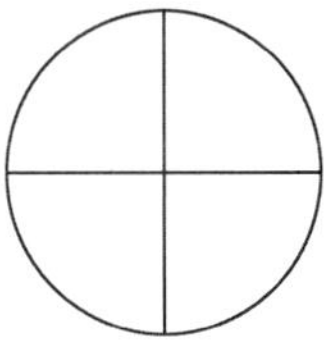
2	角闪石							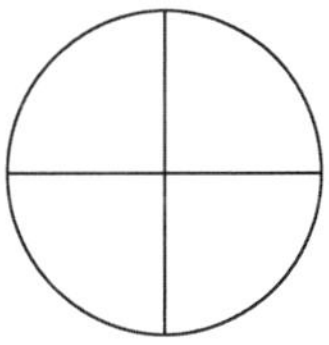

实验人员：　　　　　　　　　　日期：　　　　　　指导教师签字：

表 1-1-2　单偏光下矿物的光学性质(二)

薄片名称：　　　　　　　　　　　　　　薄片来源：

薄片号	矿物名称	边缘特征	糙面	突起等级与正负	贝克线			素描图
					清楚程度	提升镜筒移动方向	下降镜筒移动方向	
								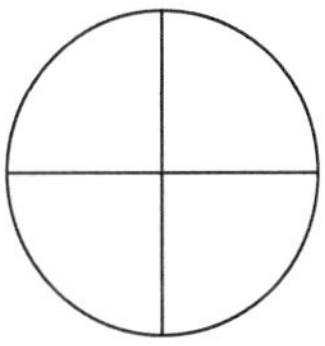
								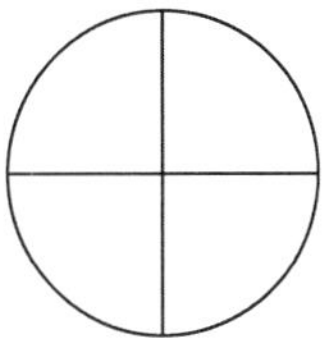

实验人员：　　　　　　　　　　日期：　　　　　　指导教师签字：

六、思考题

(1) 偏光显微镜由哪些主要部分组成?

(2) 偏光显微镜中心校正的原理及方法是什么?

(3) 角闪石及黑云母具有多色性的原因是什么?

(4) 突起正负的标准是什么?

教学指导

(1) 介绍偏光显微镜的应用及结构组成。

(2) 介绍矿石中金属矿物和非金属矿物的光学性质特点。

(3) 介绍偏光显微镜下矿物不同光学性质产生的原因。

实验2 正交偏光下透明矿物的光学性质

一、实验目的

学习正交偏光显微镜的检验与校正方法;观察矿物的消光现象;了解石英楔的干涉色级序特征及矿物干涉色级序和双折射率值的测定方法。

二、基本原理

根据矿物的光学性质,矿物分为均质体和非均质体两大类。

均质体矿物包括等轴晶系矿物和非晶质物质,其特点是各方向的光学性质相同,自然光射入均质体后,仍为自然光;偏光射入均质体后仍为偏光,其振动方向基本不改变。

非均质体矿物特指中级晶族和低级晶族的矿物,其光学性质随光波振动方向变化而发生变化。特定频率的光波在非均质体中传播时,其传播速度和折射率随光波在晶体中的振动方向不同而发生改变。光波射入非均质体,除特殊方向(光轴)外,都要发生双折射,分解形成振动方向不同、传播速度不同、折射率值不等的两束偏光。

所谓正交偏光镜,就是除用下偏光镜之外,再推入上偏光镜,使上、下偏光镜的振动方向互相垂直,即("PP")与("AA")垂直。

在正交偏光系统中,矿片中的矿物会发生消光、干涉现象。

(1) 消光

在正交偏光镜间,载物台上放置均质体或非均质体垂直光轴的切片时,这两种矿片的光率体切面都是圆切面。光波垂直这两种切面入射,不发生双折射,也不改变入射光的振动方向,下偏光透过矿片后,振动方向不改变,不能透出偏光镜,使矿片呈现为黑色(消光)。

(2) 干涉

在正交偏光镜间,放置非均质体其他方向的切片(除垂直光轴切片以外),光波垂直这种切片入射,发生双折射,分解形成两种偏光,其在矿片中传播时因速度不同而产生光程差。如果光源为单色光,当两偏光的光程差为半波长的偶数倍时,两干涉光将互相抵消而变黑暗;当光程差为半波长的奇数倍时,干涉波将互相叠加,光亮度加强;当光程差介于半波长的偶数倍和奇数倍之间时，其亮度将介于黑暗与最亮之间。

(3) 干涉色级序及其特征

在正交偏光镜间由薄至厚慢慢插入石英楔，石英楔干涉色连续不断地变化，依次为暗灰—灰白—浅黄—橙—紫红—蓝—蓝绿—黄绿—橙黄—紫红—蓝—蓝绿—黄—橙—红……直至亮白色。这种由低到高有规律的变化，就构成了干涉色级序。

(4) 干涉色色谱表

根据光程差公式 $R=d(N_g-N_p)$，把公式中光程差与切片厚度、双折射率三者之间的关系用图表方式表示出来，这种图表称为色谱表。色谱表的水平方向表示光程差 R 值的大小，用 nm 作单位；垂直方向表示薄片的厚度 d，用 μm 作单位；通过坐标原点的斜线斜率表征双折射率大小。

三、仪器设备与材料

(1) 透反两用偏光显微镜(图 1-1-1)1 台。

(2) 角闪石、橄榄石、石英闪长岩、花岗岩薄片每组各 1 片。

四、实验步骤

1. 检查偏光显微镜的正交

上、下偏光正交时，视域应为黑色，否则需转动下偏光镜至视域黑暗为止。经此校正，目镜十字丝应与上、下偏光镜振动方向一致，若不一致，可单独校正目镜十字丝位置。其方法为：在薄片中选一极完全解理的黑云母，置于视域中心。在单偏光镜下转动载物台使黑云母解理与十字丝之一平行，推入上偏光镜，如黑云母变黑暗(消光)，说明符合要求。如果黑云母不全黑，转动载物台使黑云母消光；推出上偏光镜，转动目镜使十字丝之一与黑云母解理缝平行，此时目镜十字丝即与上、下偏光镜振动方向一致。

2. 观察萤石和石英的消光现象

萤石和石英在单偏光镜下均是无色透明的，当在正交偏光镜下观察时，转动载物台一周，萤石永远黑暗，为完全消光，而石英呈现“四明四暗”现象。萤石的黑暗是均质体的消光特征，石英的“四明四暗”则是非均质体的消光现象特征。

3. 观察黑云母、角闪石、红柱石的消光类型

非均质切片消光时，切片的光率体半径与上、下偏光镜的振动方向即目镜十字丝平行。因此切片消光时，目镜十字丝就代表矿片上光率体椭圆半径方向。而切片上的解理缝、双晶缝、晶体轮廓与结晶轴有一定的关系，根据切片消光时矿物的解理缝、双晶缝、晶体外形等与目镜十字丝所处的位置关系不同，消光分为 3 种类型，即平行消光、对称消光和斜消光。

4. 干涉色级序的观察

在正交偏光镜间，从试板孔缓慢插入石英楔，可看到 1～3 级干涉色级序的特征。对于其他欲测矿物可相似确定其干涉色级序，然后利用色谱表查出该矿物的双折射率值。

5. 最大双折射率的测定

在薄片中选 4～5 个干涉色最高的橄榄石颗粒，用石英楔确定其干涉色级序。当薄片厚为 0.03 mm 时，查色谱表确定其最大双折射率。

五、实验结果记录与分析

实验结果与分析记入表 1-1-3。

表 1-1-3　正交偏光镜下矿物的光学性质

薄片名称：　　　　　　　　　　　　　　　　　薄片来源：

薄片号	矿物名称	消光类型	干涉色	干涉色 红色圈数	干涉色级序	双折射率	素描图
							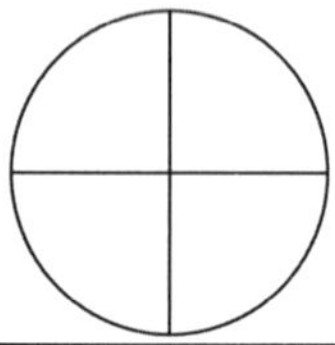

实验人员：　　　　　　　　　　　日期：　　　　　　指导教师签字：

六、思考题

(1) 不同晶系矿物的消光类型有何不同?

(2) 矿物颜色和干涉色的区别是什么?

(3) 矿物干涉色级序的高低与哪些因素有关?

(4) 什么叫矿物的最大折射率? 准确测定时需要哪些条件?

教学指导

(1) 介绍不同晶系矿物的晶体结构特点。

(2) 引导学生建立矿物的晶体结构与光学性质的关系。

(3) 强调矿物光学性质在矿物定性定量中的应用。

实验 3　反光显微镜(单偏光)不透明矿物的光学性质

一、实验目的

学习反光显微镜的结构,初步掌握反光显微镜的使用方法;学习单偏光下不透明矿物的主要光学性质(反射率、反射色、双反射及反射多色性等)。

二、基本原理

反光显微镜主要用于不透明矿物的鉴定,不同矿物在反光显微镜单偏光系统下有不同的光学性质,主要表现为具有不同的反射特性,其相应的反射率、反射色及反射多色性等各有特点。

1. 反射率与双反射

矿物的反射率指在反光显微镜下,垂直入射光经矿物光面反射后的反射光强度(I_r)与原入射光强度(I_i)的比率。反射率是矿物本身固有的属性,不同的矿物具有不同的反射率值,反射率是鉴定矿物(尤其是透明度低的矿物)的重要特征。

在反光系统下,当旋转载物台时,矿物的亮度(反射率)发生改变,矿物反射率随晶体方向变化而变化的现象称为矿物的双反射。高级晶族等轴晶系矿物只有 1 个反射率值;中级晶族(三方晶系、四方晶系和六方晶系)的矿物有2个主反射率,R_o和R_e;低级晶族(三斜晶系、单斜晶系和斜方晶系)的矿物有3个主反射率,R_g、R_m和R_p。

2. 矿物的反射色与反射多色性

矿物光片在单偏光镜下呈现的颜色称为矿物反射色。矿物反射色随光性方位变化而变化的现象称为反射多色性。

透明矿物可使大量的光线透过,反射光极弱。其反射色多为灰色-灰黑色,色调很弱(金属矿石中的脉石矿物)。半透明矿物的透射光和反射光都较强,其内反射色和反射色都比较强烈,两者的互补关系较明显。

三、仪器设备与材料

(1) 透反两用偏光显微镜(图1-1-1)1台。

(2) 标准矿物光片:黄铁矿、方铅矿、黝铜矿、闪锌矿、辉铜矿、磁铁矿、黑钨矿、磁黄铁矿、黄铜矿、毒砂、自然铜、铬铁矿、赤铁矿、石英、辉锑矿每组1套。

(3) 光片压平器1台,胶泥1盒。

四、实验步骤

(一) 反光显微镜的调节

反光显微镜的调节主要包括中心校正、偏光系统校正和垂直照明系统校正。

1. 中心校正

校正方法与透射偏光显微镜校正方法相同,详见实验1。

2. 偏光系统校正

一方面是要将前偏光镜的振动方向调至东西(左右)方向,另一方面是检查两偏光镜的正交情况。

前偏光镜的振动方向可用辉铜矿或石墨来检查,将其中一种矿物的延长方向调至东西向,调节前偏光镜直至视域中的矿物最亮,此时前偏光镜的位置即是东西方向。若旋转载物台将矿物延长方向调至南北向,则视域最暗。

选择闪锌矿、石英、黄铜矿、磁黄铁矿、自然铜、铜蓝等矿物,将上述矿物之一置于载物台上,调节上偏光镜,使旋转载物台时矿物解理平行十字丝最暗,与十字丝成45°角最亮。即旋转载物台一周,出现“四明四暗”的现象,此时两偏光镜已严格正交。若两偏光镜不正交,会出现明暗相间不等的“歪四明四暗”,离正交位置较远时可出现“两明两暗”现象。

3. 垂直照明系统的校正

主要是调节反射器、视野光圈和孔径光圈。调节反射器时,缩小视野光圈使视域成一小亮点,转动反射器使亮点处于十字丝中心,此时反射器处于正确位置。调节视野光圈也需缩小该光圈使视域成一亮点,移动准直透镜,使亮点边缘清楚,然后放大视野光圈至与视域边框同大。调节孔径光圈需取下目镜或推入勃氏镜,推出上偏光镜;若缩小孔径光圈后在物镜最后一个界面上所成之像不在正中心,则需调节孔径光圈校正螺丝,将其调至中心。

(二) 光片的安装

鉴定矿物前,必须先擦净光片的表面,再用胶泥将光片粘在载玻片上,然后用压平器将光片压平。光片通常在粗毛呢上擦净。毛呢固定在一块小木板上,制成擦板。擦光片时,手持光片从一个方向在擦板上擦去光片表面的尘污。不要来回擦动,以免擦不干净或损坏光面。

用胶泥粘贴光片和载玻片时，将胶泥搓成小球，置于载玻片中央，再将光片的底面轻轻压在胶泥球上。注意胶泥要适量，太少了不仅粘不稳光片，而且压平时载玻片易碎；太多了则易被压到光片的四周，污染光片和显微镜等。

光片基本装好后，将其放到压平器上压平，以保证光片表面与载玻片严格平行。注意压光片动作要轻缓，待压平器接触到光片表面时，稍用力下压即可。冲击性下压或用力太猛均有可能破坏光片或载玻片。

（三）单偏光下矿物光学性质的测定

1. 矿物反射率的观察

（1）在显微镜下采用视测对比法确定不透明矿物反射率等级，直接观察标准矿物黄铁矿、方铅矿、黝铜矿、闪锌矿的反射率，比较其亮度差别，并以此将矿物反射率分为五级：1 级，$R>$黄铁矿；2 级，黄铁矿$>R>$方铅矿；3 级，方铅矿$>R>$黝铜矿；4 级，黝铜矿$>R>$闪锌矿；5 级，$R<$闪锌矿。

（2）用视测对比法观测比较下列矿物的反射率，并确定其反射率等级：辉铜矿、磁铁矿、黑钨矿、磁黄铁矿、黄铜矿、毒砂、自然铜、铬铁矿、赤铁矿、石英、辉锑矿。

2. 矿物反射色的观察

无色（白-灰色）：毒砂、方铅矿、闪锌矿、石英。

黄色：黄铜矿、黄铁矿、磁黄铁矿。

玫瑰色：斑铜矿、自然铜。

蓝色：铜蓝、深红银矿。

3. 矿物双反射现象的观察

双反射是非均质矿物在单偏光镜下转动物台时，显示明暗变化的现象，而且只有对于强非均质矿物才有意义。因此在观察时应选择一轴晶主切面（R_o，R_e）、二轴晶平行光轴切面（R_g，R_p）进行观察描述。观察下列矿物的视测分级：辉钼矿、辉锑矿、石墨、方解石、菱铁矿、磁黄铁矿。

4. 矿物反射多色性的观察

和双反射一样，反射多色性也是矿物的重要光学性质之一，二者产生机理相同，观察方法也一致。对于反射色鲜明的矿物，其反射多色性较易观察，而双反射现象则常被掩盖；对于无色矿物来讲，易看到的是双反射现象。

观察辉钼矿、铜蓝、硼镁铁矿、墨铜矿、雌黄、辉锑矿等矿物的反射多色性及所属的视测分级，并注明它们与矿物结晶要素和晶形的关系。以石墨为例：$R_o=17$，灰色微棕，平行于延长方向；$R_e=6$，深灰微蓝，垂直于延长方向。

五、实验结果记录与分析

实验结果记入表 1-1-4。

表 1-1-4　单偏光下不透明矿物的光学性质

光片名称：　　　　　　　　　　　　光片来源：

矿物名称	反射率	反射色	双反射	反射多色性	其他性质

实验人员：　　　　　　　　　日期：　　　　　指导教师签字：

六、思考题

(1) 什么是矿物的反射率？

(2) 决定矿物反射率大小的主要因素有哪些？

(3) 矿物的双反射及反射多色性是如何形成的？

(4) 影响双反射和反射多色性观察的因素有哪些？

教学指导

(1) 介绍反光显微镜的结构以及不同矿物的光学性质。

(2) 介绍偏光显微镜和反光显微镜结构及光路系统上的差别。

(3) 引导学生理解反光显微镜下不透明矿物光学性质不同的原因。

实验4　反光显微镜(正交偏光)下不透明矿物的光学性质

一、实验目的

进一步学习反光显微镜的结构，熟练掌握反光显微镜的使用方法；学习正交偏光下不透明矿物均非性的鉴别方法，正确确定其视测分级；熟悉常见不透明非均质矿物的偏光色以及半透明矿物内反射现象的观察。

二、基本原理

1. 均非性与偏光色

均质性矿物指在正交偏光下，当垂直入射的平面偏光照射到矿物光片表面时，如反射光仍保持原来的偏振方向而不能通过上偏光镜，使视域呈现黑色(消光)，旋转物台，不发生明暗或颜色的变化。

非均质性矿物指在正交偏光下矿物对垂直入射平面偏光有方向性选择，除特殊方向(消光位)的切片外，反射光均要改变原来的偏振方向，使部分光线透过上偏光镜，显示一定的亮度和颜色(偏光色)。在这种情况下旋转物台时，亮度和颜色都会发生变化。

根据反光显微镜下不同矿物的光学性质的差异可以对其均非性进行观察，并对非均质性矿物的偏光色进行描述。

2. 内反射

当光线照射到具有一定透明度的矿物表面时，有一部分光线透入矿物内部，遇到矿物内部的某些界面(如解理、裂隙、空洞、晶粒、包裹体等)，光线被反射出来或散射开，该现象称为矿物的内反射。

如果反射出来的光线没有色散现象，仍为白光，如发生色散，则可显示颜色，称为内反射色。不透明矿物不允许光线透过，不发生内反射现象。矿物的内反射现象与反射率之间关系明显，矿物的反射率越高，内反射现象就越不明显。

三、仪器设备与材料

(1) 透反两用偏光显微镜(图1-1-1)1台。

(2) 标准矿物光片：辉锑矿、黝铜矿、毒砂、磁黄铁矿、铬铁矿、硼镁铁矿、磁铁矿、辉铋矿、赤铁矿每组1套。

(3) 光片压平器 1 台,胶泥 1 盒。

四、实验步骤

1. 均非性的观察

在正交偏光条件下观察矿物的均质性与非均质性,分为严格正交法和不完全正交法两种情况。

(1) 严格正交法:指在两偏光镜严格正交的情况下观察矿物的均质性与非均质性。旋转物台一周,均质矿物呈消光状态,视域黑暗;非均质矿物则可见到“四明四暗”的现象,明暗位置是固定的,在 45°位置视域最亮。

(2) 不完全正交法:指两偏光镜不严格正交,偏离正交位置 1°～3°。此时,对于均质矿物,视域可呈现一定亮度,即不完全消光,但旋转物台时亮度不发生变化;对于非均质矿物,将出现“歪四明四暗”现象,明暗位置不正,间隔不是 90°,四明中有两次最亮,两次次之。如偏光镜偏离正交位置太大,可出现“两明两暗”现象,明暗相间出现不在准确的 45°位置。非均质性若以浸油作介质进行观察,则效果更好。

均质性与非均质性的观测结果分为 3 级,即均质、强非均质和弱非均质。在严格正交偏光下旋转物台,能看到明显的亮度和颜色变化者为强非均质矿物。在严格正交偏光下不能看到明暗变化,但在不完全正交偏光下能看到明显的亮度和颜色变化时,则为弱非均质矿物。如在不完全正交偏光下也看不出明暗变化,则为均质矿物。

对于非均质矿物,要观察和记录偏光色。如铜蓝为强非均质,偏光色为:火红—蔷薇—红棕色。记录时,也可将偏光色括在括号内,放在非均质性分级后。

(3) 观察下列矿物的均非性并确定其视测分级:方铅矿、闪锌矿、黄铁矿、铜蓝、辉铜矿、黑钨矿、钛铁矿。

2. 偏光色的观察

对于偏光色的观察,需在严格的 45°位置,此时不仅颜色鲜明,而且固定,可以作为矿物鉴定特征,如铜蓝的火橙红色。在非正交偏光镜下所看到的不是标准的偏光色。鉴定下列矿物的均非性及偏光色:辉锑矿、黝铜矿、毒砂、磁黄铁矿、铬铁矿、硼镁铁矿、磁铁矿、辉铋矿、赤铁矿。

3. 内反射的观察

当矿物具有强内反射现象时,会严重干扰均质性和非均质性的观察。为了减小内反射的影响,可将上偏光镜偏转一定角度,即在不完全正交状态下观察均质性与非均质性。用正交偏光法或斜照法观察下列矿物的内反射色:孔雀石、雄黄、雌黄、蓝铜矿、辰砂、菱铁矿、闪锌矿、赤铁矿、黑钨矿。

五、实验结果记录与分析

实验结果记入表 1-1-5。

表 1-1-5　正交偏光下不透明矿物的光学性质

光片名称:　　　　　　　　　　光片来源:

矿物名称	均非性	偏光色	内反射	其他性质

实验人员:　　　　　　　　日期:　　　　　指导教师签字:

六、思考题

(1) 矿物的均非性与切面方位有什么关系？什么样的切面方位非均质性最强？

(2) 什么是偏光色？正交偏光下偏光色和内反射色如何区别？

(3) 影响均非性观察的主要因素是什么？

教学指导

(1) 进一步比较偏光显微镜和反光显微镜结构上的差别。

(2) 强调反光显微镜下单偏光和正交偏光下不透明矿物光学性质的差别。

(3) 强调反光显微镜(正交偏光)光路系统和偏光显微镜(正交偏光)的差别。

实验5　显微镜下矿物定量

一、实验目的

了解透反两用偏光显微镜的结构，进一步掌握透反两用偏光显微镜的使用方法；掌握常见矿物在显微镜下的鉴别和定量方法。

二、基本原理

矿物定量分析是矿物实施高效分选的前提，是工艺矿物学研究中一项重要的研究内容。矿物定量方法很多，如化学分析法、显微镜法、X-射线衍射定量法、能谱分析法等，其中显微镜下矿物定量测定是最传统、最简单、操作方便、成本最低、快速且直观的测量方法，是国内外普遍使用的一种方法。

显微镜法测定矿物含量是从待测矿物原料中选取少量有代表性的样品，加工制备成光片或薄片，在显微镜下通过测定不同矿物在光片或薄片上所占比例进行矿物定量的一种方法。

显微镜下矿物定量是在光片或薄片上进行的，在光片或薄片上，矿物颗粒仅能显示出二维尺寸，需要将显微镜下测定的二维数据转化为三维数据。显微镜下矿物含量的测定方法有点测法、线测法和面测法。通过点测法、线测法和面测法所测定的矿物百分含量与其体积百分含量相等，即：

$$P_p = L_l = A_a = V_v \tag{1-1-1}$$

式中　P_p——点数百分比；

L_l——线段长度百分比；

A_a——面积百分比；

V_v——体积百分比。

因此，矿物的质量百分含量 W 为：

$$W = P_p(d/D) = L_l(d/D) = A_a(d/D) = V_v(d/D) \tag{1-1-2}$$

式中　W——矿物的质量百分含量，%；

d——待测矿物的密度，g/cm^3；

D——原料的密度，g/cm^3。

显微镜下矿物含量的测定方法有如下几种：

1. 目估定量法

该法可使用实体显微镜对粉状样品直接测定，也可利用偏反光显微镜对光片或薄片进行测量。利用一套含量分别为 1%，3%，5%，10%，15%，20%，25%，30%，40%，50%，70%，90%的标准图，与在显微镜下所观察视域中待测矿物分布情况进行对比，大致判断目标矿物含量。该方法速度快，但比较粗略。矿物含量标准图如图 1-1-2 所示。

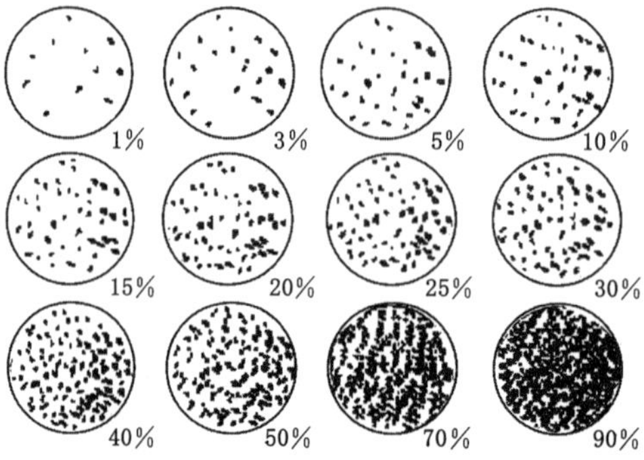

图 1-1-2　矿物含量标准图

2. 面测法

该方法是采用带方格网的目镜进行测量，此时相当于在目标矿物颗粒上叠加了一个方格网，如图 1-1-3 所示。面测法适合于较粗的颗粒，对微细颗粒的测量误差较大。

测量时，按照一定的间距左右移动光片或薄片，将整个矿物光片（薄片）全部测完，按视域统计不同矿物的面积（所占网格数），并将测量结果记录在记录表（表 1-1-6）中，通过累计计算待测矿物在该矿物薄片中的含量。

$$W_m = \frac{100 N_m \rho_m}{\sum_{i=1}^{m} (N_i \rho_i)} \tag{1-1-3}$$

式中　W_m——第 m 种矿物在原料中的质量百分含量，%；

N_m——第 m 种矿物在切片中所占网格数；

ρ_m——第 m 种矿物的密度，g/cm^3。

表 1-1-6　面测法测量结果记录表

视域	各矿物所占网格数					
	矿物 1	矿物 2	矿物 3	…	矿物 m	合计
1	N_{11}	N_{21}	N_{31}	…	N_{m1}	
2	N_{12}	N_{22}	N_{32}	…	N_{m2}	
3	N_{13}	N_{23}	N_{33}	…	N_{m3}	
⋮	⋮	⋮	⋮	…	⋮	⋮
i	N_{1i}	N_{2i}	N_{3i}	…	N_{mi}	
合计	N_1	N_2	N_3	…	N_m	
体积含量/%	V_1	V_2	V_3	…	V_m	100
质量含量/%	W_1	W_2	W_3	…	W_m	100

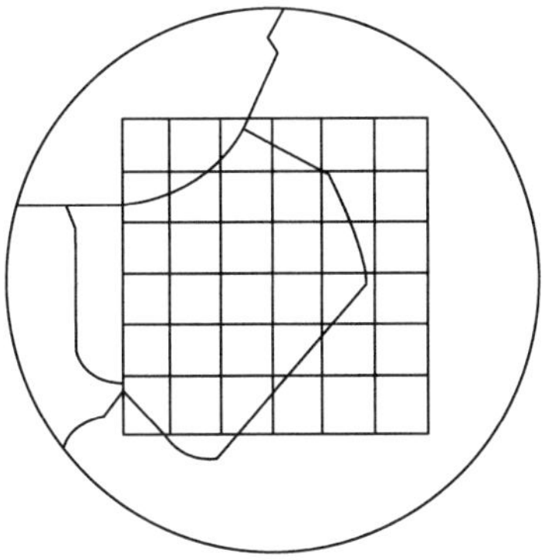

图 1-1-3　面测法原理示意图

3. 线测法

线测法是根据矿物在薄片或光片表面中沿一定方向直线上所占线段截距长度百分比与其在原料中的质量百分比相等的原理进行定量的。测量时选用带直线测微尺的目镜，测微尺长度一般为1 cm，等分为 100 个小格(见图 1-1-4)。测量时，按一定的方向和间距，通过机械台左右移动矿物薄片或光片，以测微尺为单位，统计测微尺在不同矿物表面的线段截距长度，长度统计的数值含量代表了矿物的含量。此方法适合于更微细的矿物，精度较高。

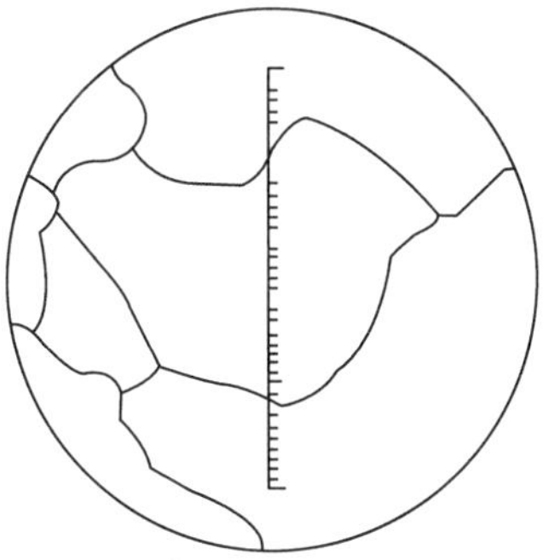

图 1-1-4　线测法原理示意图

4. 点测法

点测法是根据矿物在薄片或光片中其表面所占点数之比与其在原料中的体积之比相等的原理进行定量的(见图 1-1-5)。测量时，在目镜筒中装入测微网，将视域中不同矿物表面分布的交点数分别统计，以矿物薄片或光片中目标矿物占有的点数百分比来代表矿物含量。点测法适合于矿物嵌布粒度均匀的矿物原料。

三、仪器设备与材料

(1) 透反两用偏光显微镜(图 1-1-1)1 台，目镜附有网格、直线测微尺和测微网。

(2) 磁铁矿矿石薄片和相应的光片各 5 片。

(3) 光片压平器 1 台，胶泥 1 盒。

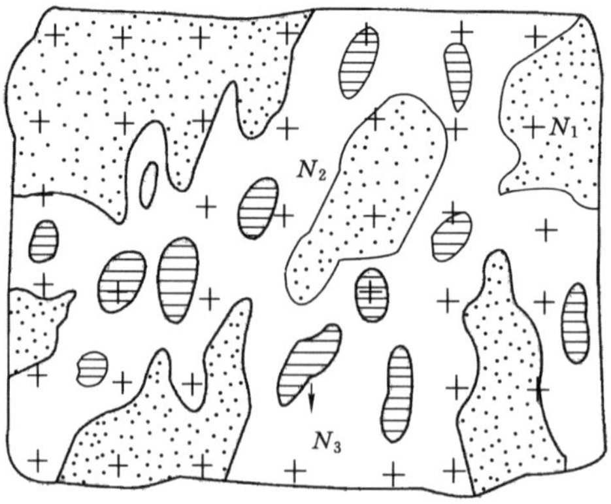

图 1-1-5　点测法原理示意图

四、实验步骤

(1) 首先通过肉眼观察，根据所学知识判断待测矿样中的主要矿物(磁铁矿、石英、云母、斜长石、辉石、角闪石、方解石)及其含量高低。

(2) 目估定量：将薄片或光片放置在载物台上，观察视域中的各种矿物的分布情况，然后与矿物含量标准图进行对比，判断各种矿物的含量。

(3) 面测法定量：更换带方格网的目镜进行测量，按照一定的间距左右移动，将整个矿物薄片或光片全部测完，统计不同视域中各种不同矿物的面积(所占网格数)，并将结果记录于表 1-1-7 中，分别计算各矿物含量。

表 1-1-7　面测法测量结果记录表

试样名称：　　　　　　　　　　　　　　　试样来源：

视域	各矿物所占网格数						
	矿物 1	矿物 2	矿物 3	…	矿物 $n-1$	矿物 n	合计
1							
2							
3							
⋮							
i							
合计							
体积含量/%							100
质量含量/%							100

实验人员：　　　　　　　　日期：　　　　　指导教师签字：

(4) 线测法定量：更换带直线测微尺的目镜，调整好焦距，在目标矿物颗粒上叠加直线测微尺，按一定的方向和间距，在载物台上左右移动观察对象，以测微尺为单位统计测微尺在不同矿物表面的线段截距长度，确定各种矿物含量。

(5) 点测法定量：更换目镜，在目镜中装入测微网，调整好焦距，在矿物颗粒上就会出现许多“+”标记，按一定的方向和间距，左右移动矿石薄片或光片，统计视域中不同矿物表面分布的交点数，确定各种矿物含量。

(6) 更换其他矿片，继续按照(2)(3)(4)(5)的步骤进行测量，数据记录于表 1-1-8 中。

表 1-1-8　各种测量方法所测定的矿物含量对比

试样名称：　　　　　　　　　　　　试样来源：

矿物名称	矿物含量/%			
	目估定量	面测法	线测法	点测法
合计				
体积含量/%				
质量含量/%				

实验人员：　　　　　　　　日期：　　　　　指导教师签字：

(7) 实验结束后，关闭设备及总电源，整理仪器及实验场所。

五、实验结果记录与分析

(1) 记录和计算各种矿物的含量。

(2) 对各种方法所测得的矿物含量进行对比，分析各种方法的优缺点。

(3) 编写实验报告。

六、思考题

(1) 分析各种矿物定量方法的优缺点。

(2) 查阅相关资料，了解矿物含量其他定量方法。

(3) 显微镜法测定矿物含量的基本原理是什么？

(4) 如何对偏光或反光显微镜进行调焦？观察时如何选择物镜？

教学指导

(1) 介绍显微镜法测定矿物含量的基本原理。

(2) 介绍矿石中金属矿物和非金属矿物的光学性质以及不同的定量方法。

(3) 强调显微镜下矿物不同定量方法的特点以及技术要求。

实验6 矿物单体解离度测定

一、实验目的

学习透反两用偏光显微镜的结构及使用方法；理解矿物单体解离度的概念及其在矿物加工工程中的意义；掌握矿物单体解离度的测定方法。

二、基本原理

矿物嵌布粒度特性是指矿物工艺粒度的大小和分布特征。矿物单体解离度是指原料中某矿物单体的含量与该矿物在样品中的总量(单体含量与连生体含量之和)之比，即：

$$矿物单体解离度 = \frac{矿物单体含量}{矿物总量} \times 100\% \quad (1\text{-}1\text{-}4)$$

矿石经过破碎磨矿处理后，其中有些矿物呈单体颗粒从矿石中解离出来，这种单体矿物颗粒称为“矿物单体”，由两种或两种以上的矿物连生在一起的颗粒叫“矿物连生体”(如黄铜矿-闪锌矿连生体、方铅矿-闪锌矿连生体等)，如图 1-1-6 所示。

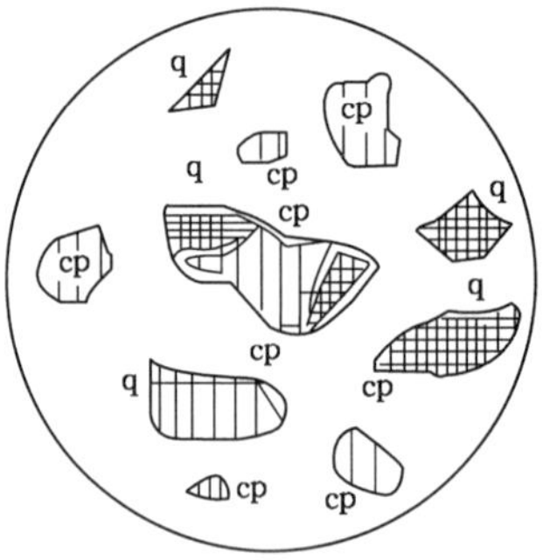

图 1-1-6 样品中黄铜矿单体(cp)、脉石单体(q)、黄铜矿-脉石连生体

矿物单体解离度的测量就是通过统计样品中各种矿物单体和矿物总量(包括单体和连生体)的数量，求出单体解离度。为了便于观察，通常将粉状样品进行分级，并分别制成不同粒级的砂光片，在显微镜下测定各粒级的单体解离度。通过显微镜查出目标矿物单体和连生体的个数，然后按线测法[体积含量 $= nd/\sum(nd)$]或面测法[体积含量 $= nd^2/\sum(nd^2)$]计算样品中该矿物单体和连生体的体积含量，进而根据单体体积与总体积(单体体积＋连生体体积)的比值，计算样品中目标矿物的单体解离度。

为了定量描述连生体中目标矿物的含量，通常按照目标矿物在整个连生体颗粒中所占体积比(面积比)进一步将连生体分成几种类型：单体，3/4，2/4，1/4，分别说明该矿物在某一颗粒中所占的比例。

如某一矿物某一粒级测定的单体和连生体的含量分布如表 1-1-9 所示，则该矿物在此粒级中解离度 X 为：

$$X = \frac{503}{503 + 28.5 + 16 + 19.5} \times 100\% = 88.7\%$$

按照上述方法将各粒级的单体解离度全部测完，最后做某矿物全样单体解离度表。

表 1-1-9　某一粒级某一矿物的含量分布

颗粒种类	单体颗粒	连生体颗粒		
		1/4	2/4	3/4
颗粒数/个	503	114	32	26
折算某矿物颗粒数/个	503×1=503	114×1/4=28.5	32×2/4=16	26×3/4=19.5

三、仪器设备与材料

(1) 透反两用偏光显微镜(图 1-1-1)1 台，附有直线测微尺和测微网的目镜。

(2) 不同粒级(+0.295 mm，−0.295+0.147 mm，−0.147+0.074 mm，−0.074 mm)的铁矿磨矿产品制成的砂光片共计 16 片。

(3) 光片压平器 1 台，胶泥 1 盒。

四、实验步骤

(1) 首先通过肉眼观察，大致判断待测矿样中的主要矿物的种类及含量高低。

(2) 横尺线测量法：将某一粒级样品的砂光片放置在载物台上，观察视域中的各种矿物的分布情况，将目镜横尺横放，与测线垂直，对通过十字丝中心的颗粒借助于目镜微尺进行垂直测线方向的测量，分别将各颗粒根据连生体的含量进行分类：单体，1/4，2/4，3/4，填入横尺线测量法记录表 1-1-10 中，然后根据解离度的公式计算该粒级的矿物的单体解离度。

表 1-1-10　各粒级矿物的含量分布记录表

试样名称：　　　　　　　　　　　　试样来源：

采用方法	粒级/mm	产率/%	单体颗粒数/个	连生体颗粒数/个				单体解离度/%
				1/4	2/4	3/4	折算单体颗粒数	
横尺线测量法								
	全样	100						
横尺面测量法								
	全样	100						

实验人员：　　　　　　　　日期：　　　　　指导教师签字：

依次将其他各粒级的样品采用同样的方法进行测量。

(3) 横尺面测量法：将某一粒级的砂光片放置在载物台上，观察视域中各种矿物的分布情况，将目镜横尺横放，与测线垂直，利用载物台移动尺将砂光片按一定距离沿测线移动，使某一范围内颗粒逐渐通过微尺。每当一个颗粒通过微尺时，根据该颗粒刻度数中某一矿物所占的面积大小分别将各颗粒根据连生体的含量进行分类：单体，1/4，2/4，3/4，填入横尺面测量法记录表 1-1-10 中，然后根据解离度的公式计算该粒级的矿物的单体解离度。

依次将其他各粒级的样品采用同样的方法进行测量。

(4) 将两种方法所测定的结果填于结果对比表 1-1-11 中。

(5) 实验结束后，关闭设备及总电源，整理仪器及实验场所。

表 1-1-11　各粒级矿物的解离度测定结果对比表

试样名称：　　　　　　　　　　　　试样来源：

粒级/mm	产率/%	解离度/%		差值	原因分析
		横尺线测量法	横尺面测量法		

实验人员：　　　　　　日期：　　　　指导教师签字：

五、实验结果记录与分析

(1) 根据记录数据，计算各种矿物的解离度。

(2) 对两种方法所测得的矿物解离度进行对比，分析各种方法的优缺点。

(3) 编写实验报告。

六、思考题

(1) 什么是矿物的解离度？它在矿物分选中有何意义？

(2) 了解横尺线测量法和横尺面测量法所测得的结果有什么差异，从原理和操作方法上进行说明。

(3) 试从解离度的变化上解释选矿过程中粗磨、再磨、粗选、精选和扫选等各作业的特点。

(4) 矿物单体解离度测定还有哪些方法？

教学指导

(1) 介绍矿物解离度与磨矿细度、分选效果之间的关系。

(2) 介绍矿物嵌布粒度与解离度之间的关系。

(3) 引导学生思考影响矿物单体解离度大小的因素。

实验 7　工艺矿物学自动分析实验

随着科技的发展，科研工作者们开发了各种设备和软件进行矿物工艺矿物学特征的测定，目前其中最为先进全面的为工艺矿物学自动分析测试系统，它的出现是工艺矿物学分析领域所取得的巨大成就。如澳大利亚昆士兰大学研发的 Mineral Liberation Analyser(MLA)系统，能对矿物样品的物质组成、成分定量、嵌布特征、粒级分布、解离度等重要参数进行自动定量分析；我国矿冶科技集团有限公司(原北京矿冶研究总院)矿冶过程自动控制技术国家重点实验室自主研发了国内首套具有自主知识产权的基于扫描电镜的工艺矿物学参数自动分析仪(BGRIMM process mineralogy analyzer，简称 BPMA)，可以结合现代图像分析技术进行计算机自动拟合计算和数据处理，得到各种矿物参数的定量数据。

一、实验目的

了解工艺矿物学自动化检测前沿技术，学习 BPMA 的结构组成和操作步骤，了解使用 BPMA 可得到哪些工艺矿物学参数。

二、实验原理

BPMA 由一台扫描电镜、一台或多台能谱仪及相应的自动测试软件构成。BPMA 的软件由测量软件和数据处理软件构成，其中测量软件由测量模块、图像处理模块、矿物系统数据库模块构成，数据处理软件由能谱匹配矿物识别模块、矿物处理模块、矿物能谱数据库补充模块及工艺矿物学参数计算模块构成。

测量时，通过 BPMA 软件控制扫描电镜，获得指定位置的背散射电子(BSE)图像，采用先进的图像处理技术精确识别并准确切割点粘连颗粒与线粘连颗粒，并利用能反映物相成分差别特征的 BSE 图像的灰度值来确定颗粒中矿物相的边界以实现矿物相的精准提取，确定能谱仪点分析位置；然后分别通过扫描电镜和能谱仪的 API 函数自动采集指定位置的能谱实测谱线数据；通过将实测矿物能谱谱线与理论矿物能谱数据库或用户自定义的矿物谱线库进行匹配以识别矿物，快速对数以百万计的能谱数据进行准确识别以实现矿物自动识别(图 1-1-7)；最终结合现代图像分析技术进行计算机自动拟合计算和数据处理，整合分析测量得到的信息，计算出样品的矿物组成与含量、矿物解离度、矿物连生程度、矿石颗粒粒度、矿物粒度、矿物嵌布程度、元素赋存状态、矿物品位回收率、元素品位回收率等参数。经过矿物定量分析软件进行统计计算，可以得到各种矿物参数的定量数据。

三、仪器设备与材料

(1) BPMA(见图 1-1-8)1 套。

(2) 赤铁矿矿石和磁铁矿矿石光片各 2 片。

(3) 喷碳镀膜仪 1 台。

四、实验步骤

(1) 学习实验室安全管理规范和实验操作规程，检查设备，确保实验顺利进行和人机安全。

(2) 开机。连接电源，启动扫描电镜和能谱仪，打开计算机及配套分析软件。

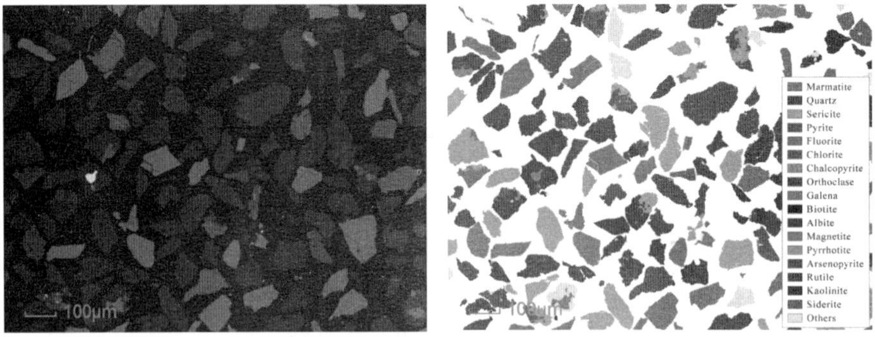

图 1-1-7　背散射电子图像与 BPMA 矿物识别图像

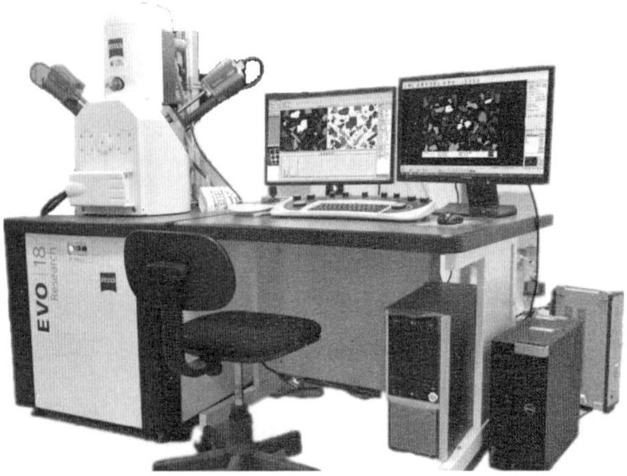

图 1-1-8　BPMA 系统

（3）放入样品。将制备好的砂光片采用喷碳镀膜仪喷镀碳膜后，放入扫描电镜中，并进行抽真空处理。

（4）扫描电镜和能谱仪参数设置。按照扫描电镜和能谱仪操作手册调节扫描电镜参数获得样品清晰的背散射电子图像（BSEI），调整 BSEI 的对比度和亮度，设置能谱分析参数。

（5）样品测试。根据待测样品分类选择样品的测量模式，设置测量参数，点击测试进行自动测量。当一个砂光片样品测量完成之后，自动跳转至下一个样品测量，所有样品都测量完成后自动关闭扫描电镜加速高压，自动停止测量。

（6）建立矿物标准库。

（7）数据处理。读取测试文件，完成矿物匹配识别，分析计算矿物参数。

（8）实验结束后，关闭设备及总电源，整理仪器及实验场所。

五、实验结果记录与分析

（1）根据分析结果整理矿物组成与含量、矿物粒度分布、矿物解离度、矿物连生程度等工艺矿物学参数数据。

（2）将实验数据整理记录于表 1-1-12～表 1-1-16 中。

（3）编制实验报告。

表 1-1-12　矿物组成及含量测定结果记录表

试样名称：　　　　　　　　试样来源：　　　　　　　　设备型号：

序号	矿物名称	矿物分子式	矿物密度/(g/cm^3)	矿物质量百分比/%	矿物面积占比/%
1					
2					
3					
…					
合计				100.00	100.00

实验人员：　　　　　　　　日期：　　　　　　　　指导教师签字：

表 1-1-13　矿物嵌布粒度测定结果记录表

试样名称：　　　　　　　　试样来源：　　　　　　　　设备型号：

粒度分级/mm	矿物 1		矿物 2		矿物 3	
	含量/%	累积量/%	含量/%	累积量/%	含量/%	累积量/%
+2.000						
−2.000+1.651						
−1.651+1.168						
−1.168+0.833						
−0.833+0.589						
−0.589+0.417						
−0.417+0.295						
−0.295+0.208						
−0.208+0.147						
−0.147+0.104						
−0.104+0.074						
−0.074+0.053						
−0.053+0.043						
−0.043+0.038						
−0.038+0.020						
−0.020+0.015						
−0.015+0.010						
−0.010+0.005						
−0.005						
平均粒径/mm						

表 1-1-14　矿物解离度分布测定结果记录表

试样名称：　　　　　　　试样来源：　　　　　　　设备型号：

矿物名称	矿物质量百分比/%					合计/%
	$0<x\leqslant 25$	$25<x\leqslant 50$	$50<x\leqslant 75$	$75<x<100$	100	

表 1-1-15　矿物单体含量与连生程度测定结果记录表

试样名称：　　　　　　　试样来源：　　　　　　　设备型号：

矿物名称	单体含量/%	连生体含量/%			总计/%
		与 A 类矿物连生	与 B 类矿物连生	…	

实验人员：　　　　　　　　　日期：　　　　　　指导教师签字：

表 1-1-16　元素平衡计算表(元素赋存状态)

试样名称：　　　　　　　试样来源：　　　　　　　设备型号：

序号	矿物名称	元素 A 占比/%	元素 B 占比/%	元素 C 占比/%	…
1					
2					
3					
…					
总计		100.00	100.00	100.00	100.00

实验人员：　　　　　　　　　日期：　　　　　　指导教师签字：

六、思考题

(1) BPMA 综合了哪些技术进行工艺矿物学自动分析？

(2) BPMA 能测量哪些工艺矿物学参数？

(3) 根据工艺矿物学测试结果，如何选择合理的选矿流程？

教学指导

(1) 介绍工艺矿物学自动分析的原理和 BPMA 的使用方法。

(2) 启发学生对工艺矿物学整体的全面了解。

(3) 根据测试结果讲解工艺矿物学自动分析在矿物分选中的意义。

第二章　破碎磨矿

实验 1　实验样品制备

一、实验目的

了解实验样品制备过程的重要性，掌握制备实验样品的操作方法和技术要求。

二、基本原理

样品制备的目的是将采集的原始试样经过破碎、混匀、缩分等加工工艺过程制备出具体实验项目所用的单份试样，这些单份试样不仅要满足各项具体实验对试样粒度和质量的要求，而且要在物质组成和理化性质方面仍能代表整个原始试样。样品制备是各种矿物加工专业实验的基础和前提，如果制备出的实验样品没有充分的代表性，则后面的实验结果没有任何意义。

对破碎后实验样品的制备包括混匀、缩分单元操作，具体技术要求如下：

样品混匀是缩分前的准备工作，常用的方法有以下 3 种：

(1) 堆锥法(铁锹拌匀法)

先用铁锹将试样堆成锥形的矿堆，然后在附近立一小木柱为中心，逐渐将试样轻轻撒在木柱轴心，另行堆成新的圆锥。大量试样通过反复堆锥，即可混匀。

(2) 环锥法

用铁锹将圆锥形矿样堆变成大圆环，然后再把圆环两边的试样堆成圆锥，反复数次，即可实现大量试样的混匀。

(3) 滚移法

如果样品粒度细且数量不多时可用此法混匀。其操作方法是：将需要混匀的试样置于橡皮布或油布上，提起油布的对角，使其中的试样来回翻滚。每翻 1 次调换 1 次油布的对角。经过 5～6 次的翻滚，就可使样品充分混匀。

在破碎产品混匀的前提下从中缩分样品时，取样质量一定要适宜，样品过多，采制工作量太大，过少又无法保证试样的代表性。试样最小质量与物料中矿石最大粒度、矿石性质的稳定性有关，计算公式：

$$G = kd^t \tag{1-2-1}$$

式中　G——试样的最小质量，kg；

d——试样中颗粒的最大直径，mm；

k——与有用组分的含量、颗粒大小和浸染程度有关的参数；

t——与矿物连生体和颗粒的硬度、韧性、脆性和裂隙度等有关的参数。

k 值与 t 值具体取值如表 1-2-1 所示。各类矿石样品的最小取样量如表 1-2-2 所示。

表 1-2-1　几种不同矿石的 k 及 t 值

矿石类型	k	t
铜矿	0.10～0.20	2
钨矿	0.20	2
钼矿	0.20	2
脉锡矿	0.20	2
磷矿	0.15	2
砂锡矿	0.20	2
从钨矿中选出的脉石	0.05	2

表 1-2-2　各类矿石样品的最小取样量　　单位：kg

最大粒度/mm	矿石的浸染特性		
	很均匀	中等均匀	很不均匀
20	15	10	160
10	4	10	35
8	2.5	6	20
5	1.20	2.50	7
3	0.45	0.90	2.50
2	0.20	0.40	0.90
1	0.06	0.10	0.18

样品的缩分通常采用堆锥四分法或网格法进行。

(1) 堆锥四分法

堆锥四分法是将规则的矿样圆锥压平成圆盘，再以十字板分格为 4 份，以对角的两份样作为缩分出的试样。若试样量仍比较多，可进行多次缩分。

(2) 网格法

网格法是将试样混匀后，薄薄地平铺于油布或橡皮布上，然后划分成小方格，用平底小铲逐格取样。

三、仪器设备与材料

(1) 缩分板 2 套/组，取样铲 2 套/组，毛刷 2 套/组。

(2) 托盘天平 1 台(公用)，最大量程 500 g，感量 0.2～0.5 g。

(3) 大号搪瓷盆 1 个/组，中号搪瓷盆 1 个/组，小号搪瓷盆 4 个/组。

(4) －2 mm 的铁矿石样品若干。

四、实验步骤

(1) 计算试样最大粒度为 2 mm 时所需要的最小取样质量。

(2) 将样品混匀后，从总样中按照堆锥四分法或网格法(即采用不同的方法)取出有代表性的样品两份，分别放入样品袋，并贴上标签备用。

(3) 实验结束后，整理仪器及实验场所。

五、实验结果记录与分析

（1）将实验数据按规定要求填入实验结果表（表 1-2-3）中。

（2）编写实验报告。

表 1-2-3　样品制备实验结果记录表

试样名称：　　试样来源：　　试样质量：　　试样粒度：

缩分实验方法	样品编号	样品质量/g	影响样品代表性因素分析
堆锥四分法	1		
	2		
网格法	1		
	2		

实验人员：　　日期：　　指导教师签字：

六、思考题

（1）影响矿石样品代表性的因素有哪些？实验过程中如何减少这些因素的影响？

（2）简述堆锥四分法和网格法的优缺点。

（3）画图并简要说明将块状矿石（-30 mm）制取化学分析样的制样流程。

教学指导

（1）介绍样品制备的重要性。

（2）重点介绍样品不同的混匀缩分方法及各自的特点。

实验 2　矿石破碎

一、实验目的

了解实验室常用的颚式破碎机、辊式破碎机的结构和工作原理；学习破碎机排料口大小的调节方法；学会破碎效果的评价方法，掌握破碎比、破碎效率和细粒增量的计算方法。

二、基本原理

破碎是在外力作用下使大块物料变为小块物料的过程。它是用外力施加于被破碎的物料上，克服物料分子间的内聚力，使大块物料分裂成若干小块的过程。物料的破碎程度通常采用破碎比来衡量。破碎作业按照破碎产物的粒度不同分为：粗碎（＞50 mm）、中碎（6～25 mm）、细碎（1～6 mm）、粉碎（＜1 mm）。在实验室中，常采用小型颚式破碎机、辊式破碎机来完成物料的破碎过程，破碎效果的评价指标主要有破碎效率、细粒增量。

颚式破碎机（图 1-2-1）在工作过程中皮带轮带动偏心轴转动时，偏心顶点牵动连杆上下运动，随即牵动前后推力板做舒张及收缩运动，从而使动颚时而靠近固定颚，时而又离开固定颚。动颚靠近固定颚时就对破碎腔内的物料进行压碎、劈碎及折断。破碎后的物料在动颚后退时靠自重从破碎腔内落下。

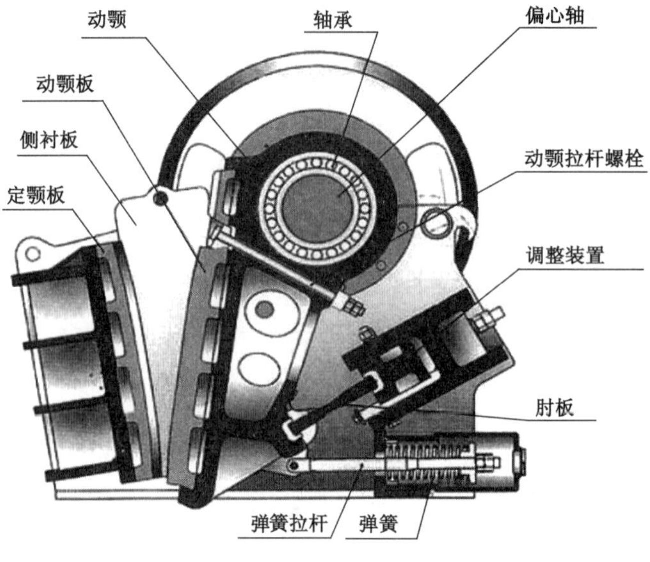

图 1-2-1　颚式破碎机结构示意图

辊式破碎机(图 1-2-2)的工作部分是两个相对回转的辊子,工作过程中物料由上部给入,辊子转动时将夹在辊子中间的物料轧碎,以达到破碎的效果,破碎产物由下方排出。破碎产物的粒度主要由两辊面之间的缝隙决定,当坚硬物料落到破碎腔不能被轧碎时,辊子受力增大,可动辊子就可以向右移动,增加两个辊子之间的间隙以便排出硬物,然后借助于弹簧的恢复力使辊子恢复到原来的位置。

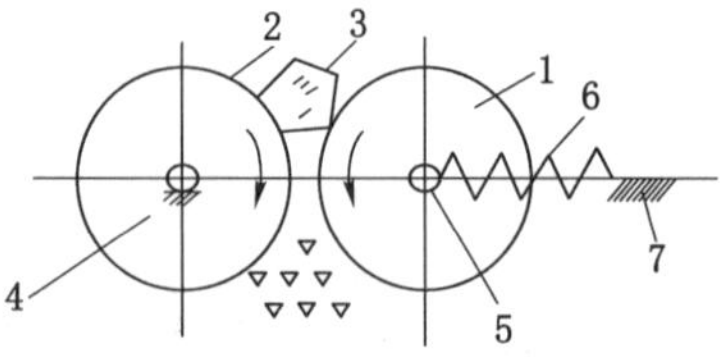

1，2—辊子；3—物料；4—固定轴承；5—可动轴承；6—弹簧；7—机架。

(a) 工作原理

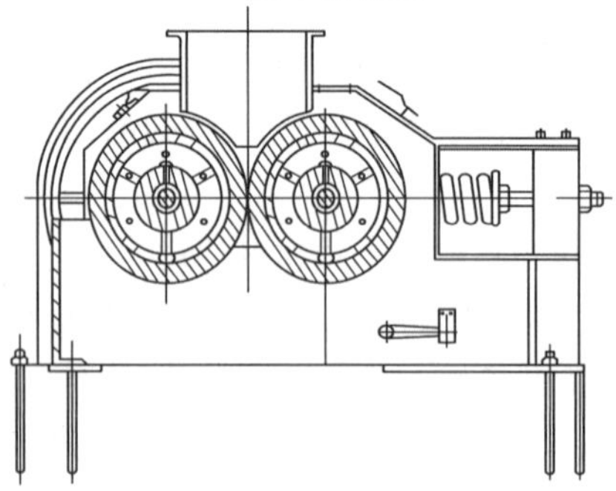

(b) 结构

图 1-2-2　辊式破碎机结构示意图

1. 破碎比

在破碎过程中,用破碎比来衡量破碎机的破碎效果。破碎比为入料粒度与产物粒度的比值，其计算方法如下：

$$i = \frac{D_p}{d_p} = \frac{\sum(\gamma D)}{\sum(\gamma' d)} \tag{1-2-2}$$

式中　i——破碎比，%；

D_p，d_p——原料和破碎产物的加权平均直径，mm；

γ，γ'——原料和破碎产物的各粒级产率，%；

D，d——原料和破碎产物各粒级的算术或几何平均直径，mm。

2. 破碎效率

破碎效率主要反映矿石破碎的单位生产率，其计算公式为：

$$\eta_p = \frac{\beta_{-d} - \alpha_{-d}}{\alpha_{+d}} \times 100\% \tag{1-2-3}$$

式中　η_p——破碎效率，有效数字取到小数点后第一位，%；

α_{+d}——入料中大于要求破碎粒度 d 的含量，%；

α_{-d}——入料中小于要求破碎粒度 d 的含量，%；

β_{-d}——排料中小于要求破碎粒度 d 的含量，%。

3. 细粒增量

破碎产品中细粒增量按下式计算：

$$\Delta = \beta_{-a} - \alpha_{-a} \tag{1-2-4}$$

式中　Δ——细粒增量，%；

β_{-a}——排料中的细粒含量，%；

α_{-a}——入料中的细粒含量，%。

上式中的细粒含量，粗碎过程中按照小于 13 mm 矿样含量计算，中细碎过程中按照小于 0.5 mm 矿样含量计算。

三、仪器设备与材料

(1) 颚式破碎机 1 台，最大给料粒度 45 mm，排料口调节范围 6～10 mm，主轴转速650 r/min。

(2) 辊式破碎机 1 台，给料粒度－12 mm，排料口可调范围 1～4 mm，主辊转速 160 r/min。

(3) 标准套筛，直径 200 mm，孔径 6 mm、2 mm、0.5 mm 的筛子各 1 个，筛底、筛盖 1 套。

(4) 台秤 1 台(公用)，最大量程 10 kg，感量 1 g。

(5) 中号不锈钢盆(直径 180～280 mm)2 个，小号不锈钢盆(直径 100～150 mm)2 个。

(6) 取样铲、铁锹各 1 把，毛刷 1 把，插尺、外卡尺、直尺各 1 把。

(7) 小于 40 mm 的矿石样品 10 kg，试样袋(大)1 个，试样袋(小)若干。

四、实验步骤

(1) 学习设备操作规程，检查设备并试运转，确保实验过程顺利进行和人机安全。

(2) 分别用 6 mm 和 0.5 mm 的标准筛对 10 kg 给料矿石样品进行筛分后称重。

(3) 将已称重的矿石样品混匀。

(4) 将颚式破碎机排料口大小调整为 6 mm，开机后给入矿样，进行破碎。

(5) 破碎后的样品分别用 6 mm、2 mm 和 0.5 mm 的标准筛进行筛分，然后称重。

(6) 称重后的矿石样品混匀。

(7) 调整辊式破碎机的排料口大小为 2 mm,开机后给入经过颚式破碎机破碎后的矿样,进行破碎。

(8) 最后分别用 2 mm 和 0.5 mm 的标准筛进行筛分,称重。

(9) 实验结束后,关闭设备及总电源,整理仪器及实验场所。

五、实验结果记录与分析

(1) 将筛分实验数据记录于表 1-2-4 和表 1-2-5 中。

(2) 计算破碎机的破碎效率、细粒增量和破碎比。

(3) 编写实验报告。

表 1-2-4　颚式破碎机的破碎效率计算表

试样名称：　　试样来源：　　试样质量：　　试样粒度：

破碎机型号：　　排料口宽度：

破碎前			破碎后			细度增量/%	破碎效率/%	破碎比/%
粒度/mm	质量/kg	产率/%	粒度/mm	质量/kg	产率/%			
+6			+6					
0.5～6			0.5～6					
−0.5			−0.5					
合计			合计					

实验人员：　　日期：　　指导教师签字：

表 1-2-5　辊式破碎机的破碎效率计算表

试样名称：　　试样来源：　　试样质量：　　试样粒度：

破碎机型号：　　排料口宽度：

破碎前			破碎后			细度增量/%	破碎效率/%	破碎比/%
粒度/mm	质量/kg	产率/%	粒度/mm	质量/kg	产率/%			
+2			+2					
0.5～2			0.5～2					
−0.5			−0.5					
合计			合计					

实验人员：　　日期：　　指导教师签字：

六、思考题

(1) 说明破碎作业在选矿厂中的作用。

(2) 举例说明常用破碎设备的破碎方式和用途。

(3) 举例说明选矿厂常见的破碎工艺流程以及常用的破碎设备。

(4) 说明颚式破碎机和辊式破碎机的工作原理和各自的优缺点。

教学指导

(1) 重点介绍选矿厂常用的破碎设备、工作原理以及破碎筛分工艺流程。

(2) 介绍破碎的基本理论及破碎效果的评价方法。

(3) 介绍高压辊磨机的应用情况。

实验 3　细粒物料粒度组成干式筛分

一、实验目的

学习使用振筛机对松散细粒物料进行干式筛分的方法;学习筛分数据的处理及分析方法;研究、分析物料的粒度组成及分布特性。

二、基本原理

物料的粒度组成是衡量物料集群碎散程度的重要指标。在矿物加工工程中,物料的粒度分析方法主要有筛分分析法、水力沉降分析法和显微镜分析法,其中筛分分析法应用最为广泛。筛分分析法分为干筛和湿筛,干筛处理的物料粒度一般大于 0.1 mm,湿筛处理的物料粒度一般在 0.04～0.1 mm 之间;水力沉降分析法和显微镜分析法适用于分析粒度小于 50 μm 细粒物料的粒度组成。

本实验主要采用干式筛分方法对 0.1 mm 以上的物料进行粒度组成分析。利用一套筛孔尺寸大小不同的筛子在振筛机上对物料进行粒度分析,采用 n 层筛子可以把物料分成 $n+1$ 个粒级,每个粒级的粒度上限是该粒级中所有颗粒都能通过的(也就是上面一层筛子)方形筛孔的边长(b_1),而它的粒度下限则是其中的所有颗粒都不能通过的(也就是下面一层筛子)方形筛孔的边长(b_2)。于是,两层筛子之间的这一粒级的粒度就可以表示为 $-b_1+b_2$ 或 $b_1\sim b_2$。

松散物料的筛分过程主要包括两个阶段:

① 易于穿过筛孔的颗粒和不能穿过筛孔的颗粒所组成的物料层到达筛面;

② 易于穿过筛孔的颗粒透过筛孔。

为了高效完成筛分过程,物料在筛面上应具有适当的相对运动,一方面使筛面上的物料层处于松散状态,物料层将按粒度分层,大颗粒位于上层,小颗粒位于下层,易于到达筛面,并透过筛孔;另一方面,物料和筛子的运动都促使堵在筛孔上的颗粒脱离筛面,有利于其他颗粒透过筛孔。

本实验主要目的是测定散体物料的粒度组成,因此在实验过程中要尽量保证小于筛孔尺寸的物料全部进入筛下产物,为了达到这个目标,需要借助振筛机(图 1-2-3)进行,且要进行检查筛分,保证筛净。

三、仪器设备与材料

(1) 振筛机 1 台,摇动频率 221 次/min,振动频率 147 次/min。

(2) 标准套筛,直径 200 mm,孔径 0.5 mm、0.25 mm、0.125 mm、0.106 mm 的筛子各 1 个,筛底、筛盖 1 套。

(3) 托盘天平 1 台(公用),最大量程 500 g,感量 0.1 g。

图 1-2-3　振筛机及标准套筛

(4) 小号不锈钢盆(直径 100～150 mm)5 个，试样袋若干。

(5) 缩分板、取样铲、毛刷各 1 把。

(6) −2 mm 散体矿样 400 g。

四、实验步骤

(1) 学习设备操作规程，熟悉实验系统。

(2) 接通电源，打开振筛机电源开关，检查设备运行是否正常；确保实验过程的顺利进行及人机安全。

(3) 将所需筛孔的套筛组合好，将烘干后的散体试样 400 g 分 5 次倒入套筛中。

(4) 把套筛置于振筛机上，固定好；启动机器，每隔 3 min 停下机器，用手筛检查一次。检查时，依次由上至下取下筛子放在搪瓷盘上用手筛，手筛 1 min，筛下物的质量不超过筛上物质量的 1%即为筛净。筛下物倒入下一粒级中，各粒级都依次进行检查。

(5) 筛分完成后，逐级称重。

(6) 实验结束后，关闭设备及总电源，整理仪器及实验场所。

五、实验结果记录与分析

(1) 将实验数据和计算结果按规定填入散体物料筛分实验结果表 1-2-6 中。

(2) 误差分析：筛分前试样质量与筛分后各粒级产物质量之和的差值，与筛分前试样质量的偏差不能超过 2.5%，否则实验应重新进行。

(3) 计算各粒级产物的产率、筛下累积产率、筛上累积产率。

(4) 绘制粒度特性曲线：直角坐标(累积产率或各粒级产率为纵坐标，粒度为横坐标)、半对数坐标法(累积产率为纵坐标，粒度的对数为横坐标)、全对数坐标法(累积产率的对数为纵坐标，粒度的对数为横坐标)。

(5) 分析试样的粒度分布特性。

(6) 编写实验报告。

表 1-2-6　松散物料筛分实验结果记录表

试样名称：　　　　　　　　　试样来源：　　　　试样质量：　　　　试样粒度：

粒度		质量/g	产率/%	筛上累积产率/%	筛下累积产率/%
mm	网目				
+0.5					
0.5～0.25					
0.25～0.125					
0.125～0.106					
−0.106					
合计					
误差分析					

实验人员：　　　　　　　　　日期：　　　　　指导教师签字：

六、思考题

(1) 粒度、粒级、粒度组成、平均粒级的含义各是什么？

(2) 筛上、筛下累积特性曲线的交点对应的产率是什么？

(3) 其他常用的微细物料粒度分析方法有哪些？

(4) 选矿厂生产中常用的筛分设备、分级设备都有哪些？有何特点？

(5) 影响筛分效果的因素有哪些？

(6) 湿法筛分与干法筛分的效率有何不同？

教学指导

(1) 强调选矿生产中筛分作业的重要性。

(2) 简要介绍常用的粒度分析方法以及各自的特点。

实验 4　松散物料筛分效率测定

一、实验目的

掌握筛分效率的测定方法；了解筛分效率的影响因素。

二、基本原理

筛分是将颗粒大小不等的碎散物料，利用单层或多层筛子严格地按着筛孔尺寸将其分离成若干个粒度级别的过程。一般而言，入筛物料中小于筛孔尺寸 3/4 的那部分颗粒，非常容易透过筛面，这部分颗粒称为易筛颗粒。入筛物料中粒度小于筛孔尺寸但又大于筛孔尺寸 3/4 的那部分颗粒，它们透过筛面的概率很小，这部分颗粒称为难筛颗粒。入筛物料中粒度在筛孔尺寸的 1～1.5 倍的那部分颗粒，极易堵塞筛孔，干扰筛分过程的正常进行，这部分颗粒称为阻碍颗粒。

筛分的目的就是将入筛物料中小于筛孔尺寸的那部分物料分离出来。理想的情况是，入筛物料中粒度小于筛孔尺寸的所有颗粒全部都进入筛下产物中，而粒度大于筛孔的所有颗粒全部都留在筛面上形成筛上物。然而实际生产中，由于受到筛分机械的性能、操作的条件以及物料的特性等多种因素的影响，使得筛上产物中总是或多或少地残留一些比筛孔尺寸小的细颗粒，而筛下产物中有时也会混入一些粒度比筛孔尺寸大的粗颗粒。

一般，筛孔尺寸与筛下产品最大粒度具有如下关系：

$$d_{最大} = K \cdot D \tag{1-2-5}$$

式中　$d_{最大}$——筛下产品最大粒度，mm；

D——筛孔尺寸，mm；

K——形状系数，其取值见表 1-2-7。

表 1-2-7　K 值取值表

孔形	圆形	方形	长方形
K 值	0.7	0.9	1.2～1.7

在筛分作业过程中，通常采用筛分效率来评价筛分效果的好坏。所谓筛分效率，就是通过筛分实际得到的筛下物中某一粒级的质量占入筛物料中所含该粒级物料质量的百分数。以全部小于筛孔尺寸粒级计算的筛分效率称为总筛分效率，以某一粒级计算的筛分效率称为部分筛分效率。

筛分效率 E 的计算公式如下：

$$E = \frac{\beta(\alpha - \theta)}{\alpha(\beta - \theta)} \tag{1-2-6}$$

式中　E——筛分效率，%；

α——入料中小于规定粒度的细粒含量，%；

β——筛下物中小于规定粒度的细粒含量，%；

θ——筛上物中小于规定粒度的细粒含量，%。

三、仪器设备与材料

(1) 小型振动筛 1 台，筛孔尺寸为 1 mm。

(2) 台秤 1 台(公用)，最大量程 10 kg，感量 1 g。

(3) 标准套筛，直径 200 mm、孔径 1 mm 的筛子 1 个，筛底、筛盖 1 套。

(4) 铁锹、扫把、试样铲、刷子各 1 把。

(5) 大号不锈钢盆(直径 300～400 mm)2 个。

(6) 松散颗粒状物料 10 kg 左右，粒度范围为－2 mm。

四、实验步骤

(1) 学习设备操作规程，检查设备是否完好，特别要检验筛孔尺寸(筛网筛孔为 1 mm)，检查设备运行是否正常，确保实验过程的顺利进行及人机安全。

(2) 将 10 kg 实验矿样缩分取样，测出给料中－1 mm 粒级含量。

(3) 先将筛面倾角调小些，并测出其倾角值。

(4) 启动振动筛，待其运行平稳将物料匀速给到筛面上。

(5) 筛分过程中分别接好筛上产物和筛下产物，筛分完毕后关闭振动筛。

(6) 对筛上产物和筛下产物分别进行取样,测出各自−1 mm粒级的含量。

(7) 记录实验结果。

(8) 将筛面倾角调大两次,重复上述实验步骤。

(9) 实验结束后,关闭设备及总电源,整理仪器及实验场所。

五、实验结果记录与分析

(1) 将实验结果填入表1-2-8中。

(2) 根据表1-2-8中的实验结果,利用筛分效率计算公式计算出不同倾角下的筛分效率。

(3) 讨论实验结果并进行分析。

(4) 编写实验报告。

表1-2-8 筛分效率实验结果记录

试样名称: 试样来源: 试样质量: 试样粒度:

筛面倾角/(°)	入筛物料−1 mm含量/%	筛下产物−1 mm含量/%	筛上产物−1 mm含量/%	筛分效率/%	筛下产物最大粒度/mm
5					
15					
25					

实验人员: 日期: 指导教师签字:

六、思考题

(1) 影响筛分效率的因素有哪些?

(2) 总筛分效率和部分筛分效率有何区别,如何计算?

(3) 工业生产中如何测定筛分作业的筛分效率?

教学指导

(1) 向学生介绍筛分效率的概念及意义。

(2) 引导学生进一步理解难筛颗粒的概念。

(3) 引导学生思考理解筛分效率对选矿生产的影响。

实验5 松散物料湿式筛分

一、实验目的

学会使用标准套筛对含泥、含水细粒物料进行湿式筛分的方法;学习筛分数据的处理以及据此研究分析物料的粒度特性的方法。

二、基本原理

对于含泥量较高或者粒度小于0.1 mm的物料,通常采用湿式筛分的方法进行粒度组成分析。湿式筛分是将实验标准筛的底部放入水盆的清水中,轻轻摇动,使筛网上小于筛孔尺寸的试样透过筛网，必要时，可用缓慢的水流冲洗筛网上的试样来促进试样透筛的筛分方法。

湿式筛分过程与干式筛分类似，主要包括两个阶段：

① 易于穿过筛孔的颗粒和不能穿过筛孔的颗粒所组成的物料层到达筛面；

② 易于穿过筛孔的颗粒透过筛孔。

实现这两个阶段，物料在筛面上应具有适当的相对运动，一方面使筛面上的物料层处于松散状态，物料层将按粒度分层，大颗粒位于上层，小颗粒位于下层，易于到达筛面，并透过筛孔；另一方面，物料和筛子的运动都促使堵在筛孔上的颗粒脱离筛面，有利于其他颗粒透过筛孔。

三、仪器设备与材料

(1) 标准筛，直径 200 mm，孔径 0.154 mm、0.106 mm、0.074 mm、0.045 mm 各 1 个。

(2) 电子天平 1 台(公用)，最大量程 610 g，感量 0.01 g。

(3) 大号不锈钢盆 2 个，直径 300～400 mm；小号不锈钢盆 4 个，直径 100～150 mm。

(4) 电热鼓风干燥箱 1 台，最高温度 300 ℃。

(5) 试样铲 1 个，毛刷 1 个。

(6) 湿式球磨机矿石 10 min 磨矿产品，试样袋和标签纸若干。

四、实验步骤

(1) 大号不锈钢盆中倒入清水，清水层厚度不低于 15 mm。

(2) 将球磨机磨矿产品(矿浆)首先分批倒入孔径为 0.154 mm 的实验筛中，使实验筛筛面贴着水面做往复运动。

(3) 及时更换不锈钢盆中的清水，直至筛下流出的水中只看到极少量的颗粒或只有清水为止。

(4) 将收集的筛上产品置于电热鼓风干燥箱，在 105 ℃下烘干。

(5) 将筛下产品按照步骤(2)(3)(4)依次分别用 0.106 mm、0.074 mm、0.045 mm 的标准筛继续筛分。

(6) 筛分完成后，得到 5 个粒级产品，分别为＋0.154 mm、－0.154＋0.106 mm、－0.106＋0.074 mm、－0.074＋0.045 mm、－0.045 mm 粒级，烘干后逐级称重，计算各粒级产率。

(7) 实验结束后，整理仪器及实验场所。

五、实验结果记录与分析

(1) 将实验数据按规定填入表 1-2-9 中。

(2) 误差分析：筛分前试样质量与筛分后各粒级产物质量之和的差值，不得超过筛分前试样质量的 2.5%，否则实验应重新进行。

(3) 计算各粒级产物的产率、筛上累积产率、筛下累积产率。

(4) 绘制粒度特性曲线：直角坐标(累积产率或各粒级产率为纵坐标，粒度为横坐标)、半对数坐标法(累积产率为纵坐标，粒度的对数为横坐标)、全对数坐标法(累积产率的对数为纵坐标，粒度的对数为横坐标)。

(5) 分析试样的粒度分布特性。

(6) 编写实验报告。

表 1-2-9　松散物料筛分实验结果记录表

试样名称：　　　　　　　　　　　　　　试样来源：　　　　　　　　　　　试样质量：

粒度		质量/g	产率/%	筛上累积产率/%	筛下累积产率/%
mm	网目				
+0.154					
0.106～0.154					
0.074～0.106					
0.045～0.074					
−0.045					
合计					
误差分析					

实验人员：　　　　　　　　　　　　　日期：　　　　　　　　指导教师签字：

六、思考题

(1) 分析影响湿式筛分效率的因素有哪些。

(2) 选矿厂常用分级设备有哪些？各有哪些优缺点？

(3) 细粒物料粒度组成的分析设备有哪些？各有什么特点？

(4) 实验过程中，应如何提高湿式筛分的效率？

教学指导

(1) 重点介绍湿式筛分的意义。

(2) 介绍湿式筛分过程中应注意的问题。

实验 6　物料可磨度测定

一、实验目的

学习实验室小型球磨机的结构、基本原理及使用方法；学习物料可磨度的评价方法以及绝对可磨度的测定方法；掌握磨矿数据的处理分析方法。

二、基本原理

用所测定的磨矿设备单位容积生产能力或单位耗电量的绝对值来衡量物料的可磨度叫绝对可磨度。

开路法是将一定数量的平行试样在指定的磨矿条件下，依次分别进行不同时间的磨矿处理，然后将每次的磨矿产物用套筛进行筛分，建立磨矿时间与磨矿产品各粒级累积产率的关系，从而找出将物料磨到目标细度(如按−74 μm 粒级含量计算)所需要的磨矿时间 t。

磨机的单位生产能力有以下两种表示方式：

① 按给料量计算：

$$q = \frac{60G}{Vt} \tag{1-2-7}$$

式中 q——在指定的给料和产品粒度下,按给料量计算的球磨机单位容积生产能力,kg/h;

G——试样原始质量,kg;

V——实验用球磨机体积,L;

t——磨到目标细度所需要的磨矿时间,min。

② 按单位容积新生的目标细度(如-74 μm)产品计算:

$$q^{-74} = \frac{60G\gamma^{-74}}{100Vt} \tag{1-2-8}$$

式中 q^{-74}——按新生-74 μm 粒级产品量计算的单位容积生产能力,kg/h;

γ^{-74}——新生-74 μm 含量,%;

V——实验用球磨机体积,L;

t——磨到目标细度所需要的磨矿时间,min。

三、仪器设备与材料

(1) XMQ 型锥形球磨机 1 台,规格 ϕ240 mm×90 mm,给料粒度小于 3 mm,单次给矿量 500~1 000 g。

(2) -200 目标准套筛,直径 200 mm,孔径 0.074 mm。

(3) 电子天平 1 台(公用),最大量程 610 g,感量 0.01 g。

(4) 电热鼓风干燥箱 1 台,最高温度 300 ℃。

(5) 大号搪瓷盆 3 个/组,秒表 1 个/组。

(6) 缩分板 1 套/组,取样铲 1 套/组,毛刷 1 套/组。

(7) -2 mm 铁矿石样品若干,试样袋若干。

四、实验步骤

(1) 学习球磨机的结构、原理及操作规程;检查所用磨矿设备是否运转正常,确保实验过程的顺利进行和人机安全。

(2) 缩制 3 份平行样(烘干样),每份 100 g 待用。

(3) 依次将每份试样装入球磨机进行磨矿(磨矿浓度 65%),磨矿时间分别为 t_1、t_2、t_3。

(4) 将磨矿产品全部清理收集起来,用标准套筛筛分。

(5) 对每一层筛上物进行干燥称重,记录相关数据。

(6) 实验结束后,关闭设备及总电源,整理仪器及实验场所。

注意事项:实验过程应保证每次磨矿入料的性质、矿量、磨矿条件一致;每次磨矿结束应将磨矿机清理干净,磨矿产品全部进行湿式筛分。

五、实验结果记录与分析

(1) 将实验数据记录于表 1-2-10 中。

(2) 计算目标粒级-74 μm 的产率,分析磨矿产品粒度组成与磨矿时间的变化关系。

(3) 绘制-74 μm 粒级的产率与磨矿时间的关系曲线。

(4) 计算 q^{-74}。

(5) 编写实验报告。

表 1-2-10　容积可磨度实验数据记录表

试样名称：　　　　试样来源：　　　　试样质量：　　　　试样粒度：

序号	1		2		3		4	
矿物名称	标准矿石		待测矿石 1		待测矿石 2		待测矿石 3	
磨碎时间 t/min								
磨矿产品	质量/g	产率/%	质量/g	产率/%	质量/g	产率/%	质量/g	产率/%
−0.074 mm								
+0.074 mm								
合计								
入料质量/g								
误差								

实验人员：　　　　日期：　　　　指导教师签字：

六、思考题

(1) 本实验过程中，如何保证各次磨矿结果的可比性？

(2) 试列举其他物料可磨度评价与测定方法。

(3) 解释闭路磨矿和开路磨矿的概念和这两种磨矿作业的特点。

(4) 影响磨矿效果的因素有哪些？

教学指导

(1) 介绍物料可磨度研究的意义。

(2) 介绍磨矿介质级配的概念及意义。

(3) 引导学生注意对磨碎理论的理解与认识。

(4) 引导学生理解磨矿分级作业在选矿生产中的重要性。

实验 7　矿石磨矿

一、实验目的

学习实验室小型湿式锥形球磨机的基本结构和原理，学习磨矿实验方法；掌握磨矿细度的测定方法；训练磨矿数据的处理、分析能力。

二、基本原理

实验室矿石的磨矿实验通常借助锥形球磨机进行，磨机筒体内装有不同直径的研磨介质(钢球)，筒体转动时，研磨介质和矿石在离心力和摩擦力的作用下，随着筒壁上升到一定高度，然后自由下落或者滚落，研磨介质在运动过程中通过对物料的冲击和磨剥作用，实现了物料的粉碎。

在选矿生产中，一般采用磨矿细度来衡量物料的磨碎程度。磨矿细度指小于某一指定粒度(一般采用−200 网目)的质量百分含量。

影响磨矿细度的因素很多，属于物料性质方面的有矿石的可磨度、给料粒度、产品粒度；属于磨机机构方面的有磨机规格、磨机型式、衬板型式；属于磨机操作方面的有介质形状、介质尺寸、介质配比、介质材质、介质充填率、磨机转速、返砂比、分级效率、磨矿浓度、磨矿时间和料浆黏度等。本实验主要是针对特定的物料，在相同研磨介质、相同磨机转速的条件下，考察磨矿浓度、磨矿时间对磨矿细度的影响。

磨矿浓度实验通常是用磨矿机中矿石的质量占整个矿浆质量的百分数来表示磨矿浓度。磨矿过程中矿浆的浓度对磨矿效果的影响很大。矿浆浓度高时，黏性大，矿粒易黏附在介质上，矿浆流动慢，被磨时间长，但对介质缓冲效应强，能削弱打击力；矿浆浓度低时，情况则相反。只有磨矿浓度适当时，磨矿效率才会高，磨矿效果亦最好。合适的磨矿浓度是由被磨物料性质及工艺条件决定的。一般来说，处理粒度粗、硬度大以及密度大的矿石应用较浓的磨矿浓度；处理粒度细、硬度小及密度小的矿石应用较低的磨矿浓度。对同种矿石原料，按照不同的液固比(浓度)进行相同时间的磨矿实验，测定磨后产品的粒度组成，可得到不同磨矿浓度对磨矿效果的影响。

磨矿时间实验是将一定数量的平行试样在所需的磨矿条件(相同的球磨机、相同的介质材料、介质数量和大小相同、球磨机的转速相同等)下，依次分别进行不同时间的磨矿实验，然后将每次的磨矿产物用套筛进行筛分，建立磨矿时间与磨矿产品各粒级累积产率的关系，从而找出将物料磨到目标细度(如按－74 μm 含量计算)所需要的磨矿时间 t。

三、仪器设备与材料

(1) 锥形球磨机(图 1-2-4)1 台，规格 ϕ240 mm×90 mm，给料粒度小于 3 mm，单次给矿量500～1 000 g。

图 1-2-4　XMQ 型锥形球磨机

(2) －200 目标准套筛，直径 200 mm，孔径 0.074 mm。

(3) 电子天平 1 台(公用)，最大量程 610 g，感量 0.01 g。

(4) 电热鼓风干燥箱 1 台，最高温度 300 ℃。

(5) 大号不锈钢盆(直径 300～400 mm)10 个，小号不锈钢盆(直径 100～150 mm)9 个，秒表 1 个。

(6) 缩分板、取样铲、毛刷各 2 把。

(7) －2 mm 矿石样品若干，试样袋若干。

四、实验步骤

(1) 学习锥形球磨机的操作规程，检查设备是否能够正常运转。

(2) 测量球磨机介质充填率及装球尺寸比例和质量，并记录。

(3) 缩制 9 份平行样，每份 500 g 待用。

(4) 磨矿浓度实验：按照磨矿浓度 50%、60%、70%和 80%，分别将其中 4 份试样按矿石、水的次序装入球磨机，密封给料口和排料口，启动磨机同时按下秒表计时(或者使用磨机自带的定时功能定时)，磨矿 10 min 后，将磨机中物料由排料口倒出，用大号不锈钢盆接取磨矿产品，并用清水冲洗至排料口出清水为止，则此次磨矿实验结束。

(5) 磨矿时间实验：选定合适磨矿浓度后，将剩余 5 份试样分别装入球磨机进行磨矿，磨矿时间分别为 t_1、t_2、t_3、t_4、t_5。

(6) 采用－200 目标准筛对各磨矿产品进行湿式筛分；收集筛上和筛下产品，在烘箱内烘干后称量并计算磨矿细度。

(7) 按照记录表中所列项目记录相关数据。

(8) 实验结束后，将球磨机中装满清水，对球磨机钢球进行液封保护，以防生锈。关闭设备及总电源，整理仪器及实验场所。

注意事项：实验过程应保证每次磨矿入料的性质、磨矿条件的平行；每次磨矿实验结束都应将球磨机清理干净，再进行后面的实验。

五、实验结果记录与分析

(1) 记录磨机的规格、型式、转速率、球介质尺寸、介质充填率，试样质量、试样粒度，磨矿浓度和加水量等。

(2) 将实验数据记录于表 1-2-11 和表 1-2-12 中。

表 1-2-11　磨矿浓度实验结果记录表

试样名称：　　　　试样来源：　　　　试样质量：　　　　试样粒度：

磨矿浓度		50%	60%	70%	80%
+200 目	质量/g				
	产率/%				
－200 目	质量/g				
	产率/%				
合计	质量/g				
	产率/%				
误差	质量/g				

实验人员：　　　　日期：　　　　指导教师签字：

表 1-2-12　磨矿时间实验结果记录表

试样名称：　　　　试样来源：　　　　试样质量：　　　　试样粒度：

磨矿时间/min		t_1	t_2	t_3	t_4	t_5
+200 目	质量/g					
	产率/%					
−200 目	质量/g					
	产率/%					
合计	质量/g					
	产率/%					
误差	质量/g					

实验人员：　　　　日期：　　　　指导教师签字：

(3) 误差分析:磨矿产物质量与入磨矿石质量之和的差值,不得超过磨矿实验前试样质量的 1%,否则实验应重新进行。

(4) 计算目标粒级产品的产率,分析磨矿产物粒度组成与磨矿浓度的变化关系,绘制−200目粒级的产率与磨矿浓度的关系曲线。

(5) 分析磨矿产物粒度组成与磨矿时间的变化关系,绘制−200 目粒级的产率与磨矿时间的关系曲线。

(6) 编写实验报告。

六、思考题

(1) 分析磨矿浓度、磨矿时间对磨矿细度的影响规律。

(2) 磨机中大钢球和小钢球分别起什么作用?球磨机给料粒度过粗或过细时,如何调整球磨机的球比和磨矿浓度?

(3) 本实验过程中,如何保证各次磨矿结果的可比性?

(4) 解释闭路磨矿和开路磨矿的概念及两种磨矿方式的特点。

(5) 影响磨矿效果的因素有哪些?

教学指导

(1) 向学生介绍磨矿介质级配的概念及意义。

(2) 引导学生理解磨碎理论。

(3) 引导学生理解磨矿浓度对磨矿效果影响的本质。

(4) 引导学生理解如何根据磨后产品的粒度组成调整球磨机的球比。

实验 8　邦德冲击破碎功指数测定

一、实验目的

掌握邦德冲击破碎功指数测定的意义与用途,学会邦德破冲击碎功指数的测定方法。

二、实验原理

固体物料的粉碎是使物料粒度减小的高能耗、低效率的工艺过程，因此，人们在进行粉碎理论研究时，多以能耗问题为重心。各国学者在大量研究的基础上，提出了各种不同的理论和观点，面积说、体积说和裂缝说是最有代表性的三大粉碎功耗学说，其中邦德的裂缝说（亦即第三定律）应用较为广泛。

邦德冲击破碎功指数 W_p 又称冲击功指数，它是衡量矿石在冲击作用下（例如在破碎机中）破碎物所耗能量的一种指标。邦德冲击破碎功指数的大小，反映了该矿石被破碎的难易程度，是矿石可碎性判据之一。根据物料冲击破碎功指数的大小可计算和选择破碎机以及初步判断矿石进行自磨的可能性。

邦德冲击破碎功指数是利用双摆锤破碎功指数实验机测定的。该机由两个对称的摆锤组成，每个摆锤质量为 13.62 kg。摆锤在正常位置时，两个锤面的距离为 50 mm。从摆锤轮轴（相当于摆锤悬挂点）到摆锤中心线的距离为 412.75 mm，摆锤长 711.2 mm、宽 50 mm、高 50 mm。如图 1-2-5 所示。当摆锤转到某一角度 φ 后，摆锤被提升 h 高，因此贮存了势能（即冲击破碎功），其大小为：

$$E_p = 2mgh = 2mgR(1-\cos\varphi) \tag{1-2-9}$$

式中　E_p——两个摆锤在 φ 角处时所具有的势能，N·m；

m——摆锤质量，13.62 kg；

g——重力加速度，9.81 m/s^2；

h——摆锤提升高度，m；

R——摆锤中心到吊轮中心的距离，0.412 75 m；

φ——摆锤的转动角度，(°)。

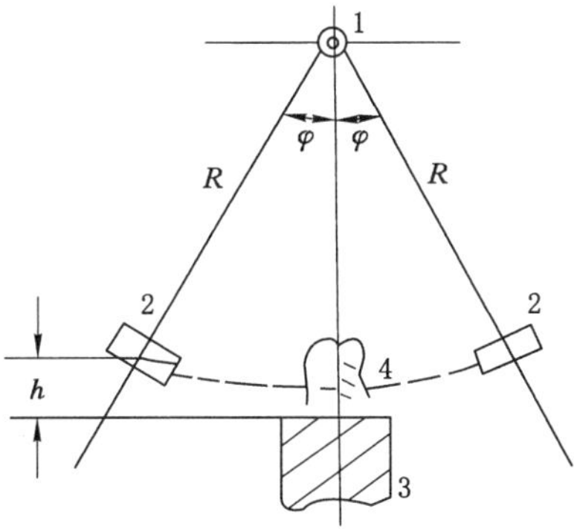

1—吊轮；2—摆锤；3—载物台；4—矿块。

图 1-2-5　邦德破碎功指数实验机工作原理示意图

将有关数据代入式(1-2-9)得：

$$E_p = 110.30(1-\cos\varphi) \tag{1-2-10}$$

冲击破碎功指数 W_p 按下式计算：

$$W_p = 52.42\frac{E_p}{b\delta} \tag{1-2-11}$$

式中　W_p——冲击破碎功指数，kW·h/t；

b——被破碎矿块厚度，m；

δ——被粉碎矿块密度，kg/m^3。

三、仪器设备与材料

(1) 双摆锤式破碎功指数测定机(如图 1-2-6 所示)1 台，其主要技术性能如下：

摆锤质量	2×13.62 kg
摆锤打击面积	25 cm^2
摆锤间距	50 mm
摆锤最大提升角度	120°
设备外形尺寸	2 230 mm×460 mm×2 610 mm
设备总质量	约 389 kg

(2) 天平 1 台，最大量程 2 000 g，感量 0.1 g。

(3) 锤子、钢板尺各 1 把。

(4) 块状待测物料，其尺寸为 75～50 mm，数量 50 块左右。

图 1-2-6　邦德冲击破碎功指数实验机外形图

四、实验步骤

(1) 随机取待测矿块 20 块(最少不能少于 10 块)，其尺寸为 75～50 mm。在选取矿块时，尽量挑选有两个近似平行平面的矿块。

(2) 对将选好的矿块进行编号、称重(以克计，精确到 0.1 g)。

(3) 测量待测矿块两个被冲击面间(近似平行的两个面)的厚度。

(4) 测出待测矿块的密度 $\delta(g/cm^3)$。

(5) 将试件置于载物台上，并升、降载物台，调整载物台上试件高低位置，尽量使摆锤的打击点作用在试件的中心位置。

(6) 提升摆锤 5°，然后放开摆锤使摆锤下落，此时两摆锤同时打击在待测矿块的两个近似平行面上。

(7) 检查试件是否被击碎或有裂缝，如果没有，则将摆锤的提升角度 φ 再增加 5°，重新冲击。这样每次提升角度以 5°梯度增加，直至试件被击碎(注意：试件产生掉片、掉角不应认为是碎裂，只有大部分试件碎裂开来才认为是破碎)。

(8) 记录实验结果，将所测数据填入表 1-2-13 中。

五、实验结果记录与分析

(1) 根据所测数据进行计算，并将计算结果填入表 1-2-13 中。

(2) 按公式(1-2-10)和公式(1-2-11)计算冲击破碎功及冲击破碎功指数。

(3) 计算试件冲击破碎功及冲击破碎功指数的最大、最小和平均值。

(4) 计算标准差。

(5) 编写实验报告。

表 1-2-13　邦德冲击破碎功指数测定实验记录表

试样名称：　　　　　　　　　　　　　试样来源：

试件编号	厚度 B/mm	质量/g	产品块数	角度 φ/(°)	冲击破碎功/(N·m)	冲击破碎功指数/(kW·h/t)
1						
2						
3						
4						
5						
6						
7						
8						
9						
10						
11						
12						
13						
14						
15						
16						
17						
18						
19						
20						

实验人员：　　　　　　　　　　日期：　　　　指导教师签字：

六、思考题

（1）矿石破碎功指数测定的意义是什么？

（2）为什么破碎功指数可以作为矿石的可碎性判据？

教学指导

（1）向学生介绍矿石破碎功指数测定的意义。

（2）引导学生理解矿石破碎功指数测定的原理。

实验9 球磨机利用系数(比生产率)测定

一、实验目的

掌握球磨机利用系数(比生产率)测定的意义与用途,学会球磨机利用系数的测定方法。

二、实验原理

球磨机利用系数(比生产率)是指单位时间、单位球磨机容积所获得的新生指定目数(通常为-200目)级别数量表示的生产率,单位为t/(m³·h),是球磨机生产率的主要表示方法之一。按-200目计的球磨机利用系数(比生产率)消除了给排矿粒度及容积因素影响,可以较真实地反映球磨机工作情况,可以比较不同规格、不同给矿粒度下的球磨机工作情况,此方法在设计中较常应用。

球磨机利用系数(比生产率)的计算公式如下:

$$q_{-200目} = \frac{Q_{原}(\beta_{产品} - \beta_{给矿})}{Vt} \tag{1-2-11}$$

式中 $q_{-200目}$——按新生成的-200目粒级计算的单位容积生产率,t/(m³·h);

$Q_{原}$——球磨机的原给矿量,t/h;

$\beta_{产品}$——磨矿产品中(闭路磨矿时为分级机溢流,开路磨矿时为磨矿机排矿)-200目粒级的含量,%;

$\beta_{给矿}$——磨矿机原矿中-200目粒级的含量,%;

V——磨矿机的有效容积,m³;

t——磨矿机的作业台时数,h。

球磨机的利用系数与磨矿效率、技术效率不同。磨矿效率是指每消耗一千瓦时动力所处理的矿量,也就是球磨机的单位功耗生产率(数值上为邦德功指数的倒数)。它可以表示为:每千瓦时电能所处理的原矿吨数或每千瓦时电能所获得的指定级别(通常为-200目)产品吨数。技术效率是指磨碎所得的合格粒级产品质量与原矿中所含大于合格粒级质量之比。磨矿技术效率常用来衡量磨矿产品的效果。磨矿技术效率高,说明球磨机按规定工作正常,同时说明在同样操作条件(原矿粒度、硬度、原矿量)下,磨矿工操作技术水平高,使球磨机充分发挥了作用。

三、仪器设备与材料

(1) 锥形球磨机1台,规格为ϕ240 mm×90 mm,给料粒度小于3 mm,单次给矿量500~1 000 g。

(2) -200目、-325目标准筛各2个,直径200 mm,孔径0.074 mm。

(3) 电子天平1台(公用),最大称量2 kg,感量0.1 g。

(4) 电热鼓风干燥箱1台,最高温度300 ℃。

(5) 大号不锈钢盆(直径300~400 mm)4个,小号不锈钢盆(直径100~150 mm)4个,秒表4个。

(6) 缩分板、取样铲、毛刷各2个。

(7) -2 mm矿石样品若干,试样袋若干。

四、实验步骤

(1) 测定球磨机的有效容积并记录。

(2) 缩分 5 份平行样，每份 500 g。分别采用－200 目、－325 目标准筛对其中 1 份样品进行湿式筛分，在烘箱内 105 ℃烘干后称量并计算－200 目和－325 目含量。

(3) 按照磨矿浓度 60%、65%，磨矿时间 10 min、15 min，分别将其中 4 份试样进行磨矿实验。

(4) 采用－200 目标准筛对各磨矿产品进行湿式筛分；收集筛上和筛下产品，在烘箱内烘干后称量并分别计算－200 目和－325 目含量。

(5) 按照记录表中所列项目记录相关数据。

(6) 实验结束后，将球磨机中装满清水，对球磨机钢球进行液封保护，以防生锈；关闭设备及总电源，整理仪器及实验场所。

(7) 实验过程应保证每次磨矿入料的性质、磨矿条件的平行；每次磨矿实验结束都应将磨矿机清理干净，再进行后面的实验。

五、实验结果记录与分析

(1) 记录磨机的规格、转速、球介质尺寸、介质充填率、有效容积，试样质量，磨矿浓度、磨矿时间等。

(2) 将实验数据记录于表 1-2-14 中。

(3) 误差分析：磨矿产物质量与入磨矿石质量的差值不得超过磨矿实验前试样质量的 1%，否则实验应重新进行。

(4) 计算目标粒级产品的产率和利用系数。

(5) 编写实验报告。

表 1-2-14　球磨机利用系数测定实验结果记录表

球磨机型号：　　　　转速：　　　　有效容积：　　　　试样质量：

磨矿浓度/%	磨矿时间/min	－200 目含量		－325 目含量		利用系数/[t/(m³·h)]	
		质量/g	产率/%	质量/g	产率/%	$q_{-200目}$	$q_{-325目}$
未磨前						—	—
60	10						
60	15						
65	10						
65	15						

实验人员：　　　　日期：　　　　指导教师签字：

六、思考题

(1) 分析磨矿浓度、磨矿时间对磨机利用系数是否有影响，并分析原因。

(2) 磨机的利用系数、磨矿效率、技术效率有什么区别？

(3) 影响磨矿利用系数的因素有哪些？

教学指导

(1) 向学生介绍磨矿利用系数的概念及意义。

(2) 引导学生学习磨机性能的评价方法及影响因素。

第三章 重力选矿

实验1 沉降法水析实验

一、实验目的

掌握沉降水力分析的原理及操作方法;学会用沉降水析法测定细粒物料粒度特性。

二、基本原理

水析法是进行物料粒度测定的一种方法,它基于物料在介质中的自由沉降原理。自由沉降是指颗粒在介质中沉降时,不受任何机械阻力作用,而只受介质阻力作用。理想的自由沉降条件应是一个颗粒在无限广阔的介质中沉降,实际上这种情况是不存在的。实际中,一般把颗粒在固体容积浓度小于3%时的沉降,视为自由沉降,此时可以忽略颗粒间的影响。

球形颗粒沉降末速计算公式为:

$$v_0 = \sqrt{\frac{\pi d(\delta - \rho)g}{6\varphi\rho}} \tag{1-3-1}$$

式中 v_0——沉降末速,m/s;

d——颗粒直径,m;

δ——物料密度,kg/m^3;

ρ——介质密度,kg/m^3;

g——物体在介质中的重力加速度,m/s^2;

φ——阻力系数,与雷诺数有关的无因次量。

当介质的雷诺数 Re 在层流阻力范围时,由颗粒的有效重力与斯托克斯阻力相等关系可以导出此种情况下的沉降末速计算公式为:

$$v_{0s} = 54.5\frac{\delta - \rho}{\mu}d^2 \tag{1-3-2}$$

式(1-3-2)被称为斯托克斯沉降末速公式。其中 μ 为黏滞系数,简称黏度,单位为 Pa·s。在20 ℃时,水的黏度为0.001 Pa·s。

水力分析(简称水析)是借测定颗粒沉降速度间接测定颗粒粒度的方法。水析时,介质为水,水析过程一般都是在室温下进行,控制沉降条件使颗粒的沉降处于自由沉降状态,此时颗粒的沉降末速符合式(1-3-2)。沉降水析法是常用的水析方法之一,适合于-0.1 mm物料的粒度分析。

沉降法水析装置见图1-3-1。取适量待分析物料放入大烧杯中,把烧杯加满水,将物料和水搅拌均匀,停止搅拌后,烧杯中各种尺寸的颗粒即开始自由沉降。由斯托克斯沉降末速公式可计算出直径为 d 的颗粒自液面沉降 h 高度时所需要的时间 t,当烧杯中的物料沉降 t 时间后,将液面以下 h 高度液体吸出,则吸出液中的物料即为直径小于 d 的颗粒。如此反复沉降淘洗,直至将大烧杯中直径小于 d 的颗粒全部淘洗到吸出液中,这样就将被分析物

料分成了直径大于 d 和小于 d 两个粒度级别。

三、仪器设备及材料

(1) 沉降水析装置 1 套(烧杯为 1 000 mL)。

(2) 塑料桶 6 个。

(3) 取样工具 1 套。

(4) 接样盆若干个。

(5) 秒表 1 块。

(6) −0.1 mm 石英 200 g 左右(亦可采用其他物料)。

四、实验步骤

(1) 按图 1-3-1 组装好沉降分析装置,并将虹吸管充满水。

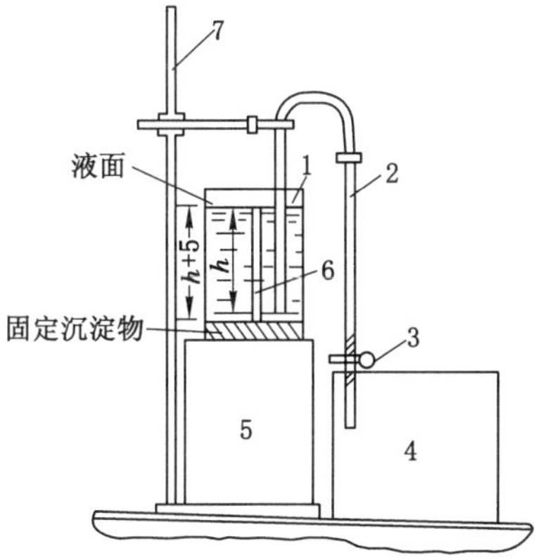

1—烧杯;2—虹吸管;3—夹子;4—溢流盛装容器;

5—烧杯座;6—标尺;7—铁架台。

图 1-3-1　沉降水析装置

(2) 称取−0.1 mm 石英 30 g 放入 1 000 mL 大烧杯中(注意:试样量应根据烧杯的容积大小来确定,前提是保证溶液的容积浓度不大于 3%)。

(3) 按斯托克斯公式计算 76 μm、54 μm、37 μm、19 μm 石英颗粒的自由沉降末速 v_{0s}。

(4) 测出虹吸管的插入深度 h(液面至虹吸管底口的高度)。

(5) 按 $t=h/v$ 公式确定不同粒径石英颗粒的沉降时间。

(6) 把烧杯装水至 $h+5$ mm 处(虹吸管底口距沉淀物料层要保持 5 mm 左右,以防大于分级粒度的物料被吸出)。

(7) 用玻璃棒搅拌烧杯中的料浆,使物料充分悬浮,停止搅拌,立即用秒表记下沉降时间。

(8) 待计时到计算的沉降时间 $t_{19\ \mu m}$(19 μm 颗粒的沉降时间)后,打开夹子,吸出 h 高度下的全部悬浮液到容器中(塑料桶)。

(9) 按上述实验步骤(6)~(8)重复多次,直至吸出的液体完全澄清为止。

(10) 将吸出的液体静置沉淀,沉淀颗粒即为物料中−19 μm 颗粒。

(11) 再将烧杯装水至 $h+5$ mm 处,按沉降时间 $t_{37\ \mu m}$(37 μm 沉降时间)继续进行水析,此时吸出液中的颗粒即为−37 μm+19 μm 粒级。

(12) 以此类推，完成各个粒度的分级。

(13) 将各个分级产品沉淀、过滤、烘干并称重，将实验结果填入表 1-3-1 中。

注：对每一粒度的沉降水析也可以各采取一份原料样，经计算可得到与上述方法相同的结果。

五、实验结果记录与分析

(1) 按表 1-3-1 进行实验结果计算。

(2) 在直角坐标系中以粒度为横坐标、粒级产率为纵坐标绘出 $\sum r_i = f(d_i)$ 粒度特性曲线，并分析。

表 1-3-1　粒度沉降实验结果

试样名称：　　　　　　　　试样来源：　　　　　　　试样质量：

粒度/μm	质量/g	产率/%		备注
		级 别	累 积	
+76				
−76+54				
−54+37				
−37+19				
−19				

实验人员：　　　　　　　　日期：　　　　　　　指导教师签字：

六、思考题

(1) 颗粒在介质中沉降都受到哪些力的作用？

(2) 实际生产中，什么情况下颗粒在介质中的沉降可视为自由沉降？

(3) 自由沉降和干涉沉降有何不同？

教学指导

(1) 向学生介绍自由沉降的特性。

(2) 引导学生理解利用斯托克斯公式测定颗粒沉降特性的原理。

(3) 向学生介绍自由沉降和干涉沉降的不同。

实验 2　松散物料密度组成测定(浮沉)

一、实验目的

学习测定松散物料密度组成的基本原理与方法；学习浮沉实验重液的配制方法；掌握浮沉实验的数据处理方法以及重选可选性曲线的绘制和分析方法。

二、实验原理

将一定粒度的矿石粉体置于一定密度的重液中时，密度大于重液密度的颗粒将下沉成为沉物，密度小于重液的颗粒则上浮成为浮物，密度与重液密度接近或相同的颗粒处于悬浮状态。煤炭的密度与其灰分之间相关性显著，一般来说煤炭颗粒密度越大，灰分越高，因而可以通过重力选矿的方法进行洗选。原煤的密度组成是选煤厂设计资料的重要组成部分。根据所处理的粒度范围浮沉实验分为小浮沉(＜0.5 mm)和大浮沉(＞0.5 mm)。

对重力选煤来说，矿样可按下列密度分成不同密度级：1.30 kg/L、1.40 kg/L、1.50 kg/L、1.60 kg/L、1.70 kg/L、1.80 kg/L、2.00 kg/L。

重液密度的测定方法有两种，分别是比重瓶法和密度计直接测定法。

① 比重瓶法。重液密度依据下式计算：

$$\Delta = \frac{G_3 - G_1}{G_2 - G_1}\Delta_w \tag{1-3-3}$$

式中　G_1——空比重瓶质量，kg；

G_2——注水后比重瓶与水的总质量，kg；

G_3——注满待测重液时比重瓶和待测重液的总质量，kg；

Δ——待测重液的密度，kg/L；

Δ_w——水的密度(取 1 kg/L)，kg/L。

② 密度计直接测定法。本实验重液密度采用密度计直接测量，见图 1-3-2。

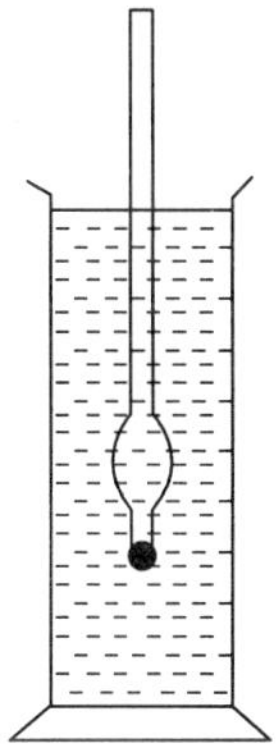

图 1-3-2　密度计使用示例

三、仪器设备及材料

(1) 主要设备：电热板 1 台，恒温干燥箱 1 台，马弗炉 1 台，密封制样机 1 台，多功能电阻炉(1 500 W)1 台，密度计 1 套，台秤(最大量程1 kg)1 台，大浮沉器具 1 套，小浮沉器具 1 套，天平 1 套。

(2) 3～6 mm 级浮沉试样 4 kg，－0.5 mm 煤泥 1 kg。浮沉实验煤样质量与粒度级别的关系见表 1-3-2。

(3) 中号试样盘(盆)若干。

(4) 橡胶手套 10 副，口罩 10 个，搪瓷盆(大)2 个。

(5) 氯化锌。

表 1-3-2　浮沉实验煤样质量与粒度级别的关系

煤样粒级/mm	＞100	100～50	50～25	25～13	13～6	6～3	3～0.5	＜0.5
煤样最小质量/kg	150	100	30	15	7.5	4	2	1

四、实验步骤

(1) 重液配制。煤炭浮沉实验常用氯化锌配制重液，其优点是易溶于水、易配制、价廉等，缺点是腐蚀性较大。

配制不同密度的氯化锌重液可参考表 1-3-3 进行，并用密度计反复测量，使重液密度精确到 0.003 kg/L。

(2) 将已配制的重液装入重液桶并按密度大小顺序排列，桶中重液的液面不低于桶上缘 350 mm。最低密度重液分别装入两个重液桶，一个做浮沉实验用，另一个作为缓冲液用。

表 1-3-3 重液配制比例表

重液密度/(kg/L)	1.3	1.4	1.5	1.8	2.0
氯化锌质量分数/%	31	39	46	52	63

(3) 称取 4 kg 煤样放入网底桶内，用水洗净附着在煤块上的煤泥，滤去洗水再进行浮沉实验。收集冲洗出的煤泥水，用澄清法或过滤法回收煤泥，然后干燥称重，此煤泥称为浮沉煤泥。

(4) 将网底桶(装有洗好的煤样)放入缓冲液中浸润一下，提起并斜放在桶边上滤尽重液，再放入做浮沉用的最低密度的重液桶内，用木棒轻轻搅动或将网底桶缓缓地上下移动，然后使其静止分层，分层时间不少于下列规定：

① 粒度大于 25 mm 时，分层时间为 1～2 min；

② 最小粒度为 3 mm 时，分层时间为 2～3 min；

③ 最小粒度为 1～0.5 mm 时，分层时间为 3～5 min。

(5) 用捞勺按一定方向捞取浮物。捞取深度不得超过 100 mm。捞取时应注意勿使沉物搅起混入浮物中。待大部分浮物捞出后，再用木棒搅动沉物，仍按上述方法捞取浮物，反复操作直到捞尽为止。捞出的浮物倒入盘中，并做好标记。

(6) 把装有沉物的网底桶缓慢提起，斜放在桶边上滤尽重液，再放入下一个密度的重液桶中，用同样方法逐次按密度顺序进行，直到该煤样全部实验完为止，最后将沉物倒入盘中。

(7) 各密度级产物分别滤去重液，用水冲尽产物上残存的重液(建议用热水冲洗)。然后放入温度不高于 100 ℃的干燥箱内干燥，干燥后取出冷却，达到空气干燥状态再进行称重。

(8) 实验结束后，关闭设备及总电源，整理仪器及实验场所。

注意事项：

(1) 浮沉实验所用重液具有腐蚀性，在配制重液和进行实验过程中避免与皮肤接触，要戴眼镜和胶皮套、穿胶鞋、围胶皮围裙等。

(2) 在整个实验过程中应随时用密度计测量并调整重液密度，保证重液密度值的准确。

(3) 实验中注意回收氯化锌溶液。

(4) 浮沉顺序一般是从低密度级向高密度级进行。如果煤样中含有易泥化的矸石或高密度物含量多时，可先在最高密度重液内浮沉。捞出的浮物仍按由低密度到高密度顺序进行浮沉。

五、实验结果记录与分析

(1) 各密度级产物和煤泥烘干后分别称重，将数据记入表 1-3-4 中。

(2) 将各级产物和煤泥分别缩制成分析煤样，测定其灰分；当原煤硫分超过 1.5%时，各密度级产物应测定全硫。

(3) 误差分析。

① 数量误差分析：浮沉实验前空气干燥状态的煤样，质量与浮沉实验后各密度级产物的空气干燥状态质量之和的差值，不得超过浮沉实验前煤样质量的 2%，否则该实验应重新进行。

② 质量指标误差分析，不同对象对应有不同的要求，具体请参考有关标准。

(4) 绘制煤炭可选性曲线：说明每条曲线的物理意义及使用方法。

(5) 编写实验报告。

表 1-3-4　浮沉实验记录表

煤样粒级：　　　　　　　　　煤样灰分：　　　　　　全硫：　　　煤样质量：

密度级/(kg/L)	质量/kg	产率/%		灰分/%	累积				±0.1 含量/%
		占本级	占全样		浮物/%		沉物/%		
					产率	灰分	产率	灰分	
＜1.3									
1.3～1.4									
1.4～1.5									
1.5～1.6									
1.6～1.8									
＞1.8									
合计									
浮沉煤泥									
总计									

实验人员：　　　　　　　　　日期：　　　　　　指导教师签字：

六、思考题

(1) 浮沉实验结果对重选生产实践有哪些作用？

(2) 查阅相关资料，加强对理论分选密度、实际分选密度、错配物、分配率、±0.1 含量等概念的理解。

教学指导

(1) 重点讲解手工绘制煤可选性曲线的方法。

(2) 介绍重液、重悬浮液的特点及实际应用。

实验 3　细粒物料螺旋溜槽重选

一、实验目的

了解螺旋溜槽结构和工作原理，观察物料在螺旋溜槽中的运动状态与分离过程；学习螺旋溜槽分选实验的基本操作，理解影响螺旋溜槽分选效果的主要因素。

二、实验原理

螺旋溜槽分选是利用沿斜面流动的水流进行分选的方法。螺旋溜槽是由一个窄的长槽绕垂直轴线成螺旋状而成，它具有较宽的较平缓的立方抛物线形槽底，槽底在纵向（沿液流方向)和横向(径向)均有相当的倾斜度。螺旋溜槽结构如图1-3-3所示。当料浆自上端给入溜槽后,料浆中不同密度的颗粒在螺旋槽面上不仅受到流体推动力(流体阻力)、重力、惯性离心力和摩擦力的作用,同时还受到横向环流中上层液流向外侧的动压力、下层液流向内侧的动压力、环流的法向分速度与紊流脉动速度所形成的动压力的作用,在这些力的作用下,料浆在沿槽流动过程中粒群将发生分层。重颗粒物料进入底层并向槽的内边缘运动,轻颗粒物料则在快速的回转运动中被甩向外边缘。这样不同密度的颗粒就在槽中展开了分带,从内边缘到外边缘颗粒的密度依次减小。在螺旋溜槽的下部用截取器沿径向依次截取不同部位(根据分带情况)的产物,便可以得到不同密度的产品,实现物料的按密度分选。

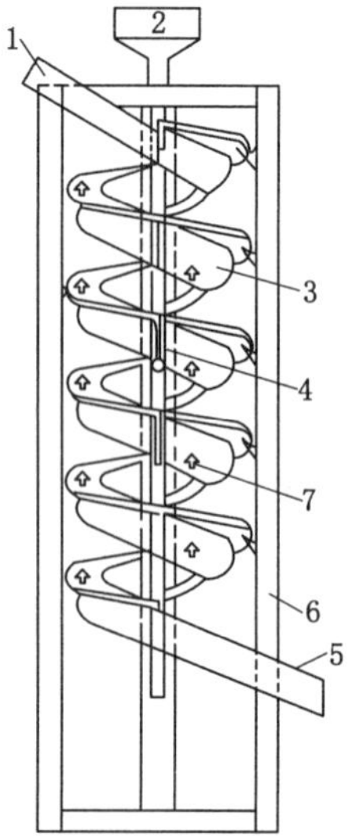

1—给料槽;2—冲洗水导管;3—螺旋槽;
4—连接法兰盘;5—低密度产物导出管;
6—机架;7—高密度产物导出管。

图 1-3-3 螺旋溜槽结构示意图

三、仪器设备与材料

(1) 仪器设备:螺旋溜槽1台(其主要参数见表1-3-5),砂泵1台,干燥箱1台,电热板1台,马弗炉1台,制样机1台,天平(台秤)1台。

(2) 工具:50 L给料桶2个,20 L接料桶3个,样品盘5个,小盆10个。

(3) 材料:6 mm以下物料(原煤或其他金属矿样)20 kg。

表 1-3-5 ϕ600 mm 螺旋溜槽主要参数

槽外径/mm	槽内径 D/mm	螺距 P/mm	距径比(P/D)	系数 A	槽宽 B/mm	槽高 H/mm	下倾角 γ/(°)
600	120	360	0.6	6.1	240	38	9

四、实验步骤

(1) 学习螺旋溜槽操作规程,检查设备,对动力部分进行试运转。

(2) 缩制两份质量分别为2.5 kg和5 kg的试样。

(3) 入料桶中加入试样并加水至所需浓度,同时搅拌保证料浆悬浮。

(4) 准备好接样,将入料桶中的悬浮混合物料通过砂泵加入螺旋溜槽。

(5) 料浆排完后,适量用水冲洗沾附在槽壁上的物料,并入接料桶。

(6) 彻底冲洗给料桶和螺旋溜槽,将各产品脱水、烘干、称重。

(7) 根据需要,制取入料及产品的分析化验样,进行分析化验。

(8) 实验结束后,关闭设备及总电源,整理仪器及实验场所。

五、实验结果记录与分析

(1) 实验数据记录于表1-3-6中。

(2) 编制实验报告。

表 1-3-6　螺旋溜槽分选实验结果记录表

试样名称：　　　　　　　　试样来源：　　　　　　　　试样质量：　　　　试样粒度：

序号	入料粒度/mm	入料浓度/%	入料品位/%	产品 1			产品 2			产品 3			计算入料		
				质量/g	产率/%	品位/%	质量/g	产率/%	品位/%	质量/g	产率/%	品位/%	质量/g	产率/%	品位/%

实验人员：　　　　　　　　日期：　　　　　　指导教师签字：

六、思考题

(1) 影响螺旋溜槽分选效果的主要结构因素有哪些？

(2) 简述螺旋溜槽选矿的特点及应用领域。

(3) 简述螺旋溜槽分选的基本原理。

(4) 粗选与精选作业对螺旋溜槽的螺距有何技术要求？

教学指导

(1) 介绍螺旋溜槽的应用概况。

(2) 本实验主要验证螺旋溜槽分选的基本原理，因此建议作为演示实验进行。

(3) 让学生讨论给料量稳定性对螺旋溜槽分选效果的影响规律。

(4) 如果条件允许，可以鼓励部分同学开展一些条件探索实验。

实验 4　细粒物料摇床重选

一、实验目的

学习摇床的结构和工作原理，验证摇床分选的基本理论；观察分选过程中物料在床面上的扇形分布现象，理解影响摇床分选效果的主要因素及影响规律。

二、基本原理

摇床的结构如图 1-3-4 所示。

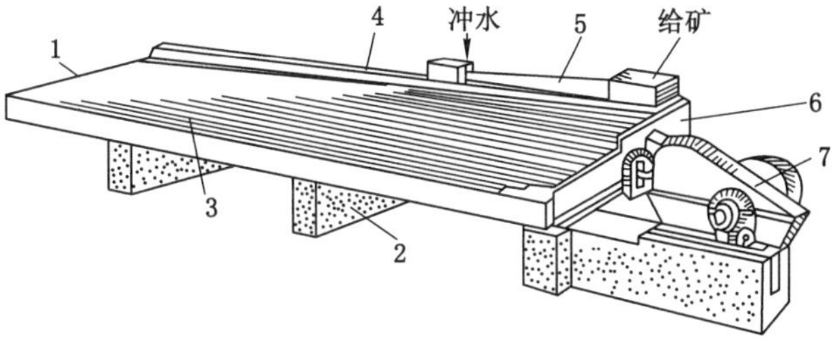

1—重产物端；2—机座；3—床面；4—冲水槽；5—给矿槽；6—给矿端；7—传动装置。

图 1-3-4　摇床结构示意图

摇床选矿是借助床面的不对称往复运动和薄层斜面水流来分选矿石。摇床分选精确度高，富集比高，经过一次选别可得到最终精矿、最终尾矿和1～2种中间产物。

1. 在水流和摇动作用下，矿粒松散分层

矿粒分层是沉降分层和析离分层联合作用的结果。横向水流流经床条所形成的涡流，造成水流的脉动，使物料松散并按沉降速度分层。床面摇动使重矿物细粒钻过颗粒的间隙，沉于最底层，这种析离分层是摇床分选的重要特点。分层结果是：粗而轻的矿粒在最上层，其次是细而轻的矿粒，再次是粗重矿粒，最底层为细重矿粒。

2. 矿粒在床面上的移动与分离

位于床层中不同层位的矿物颗粒，因纵向和横向的运动速度不同，而有不同的运动方向。

(1) 矿粒沿床面的横向移动

在横向水流作用下，矿粒沿横向移动，轻而粗的矿粒沿横向移动速度快，重矿物移动速度慢。

在横向水流推动下，位于同一层面高度的颗粒，粒度大的要比粒度小的运动快，密度小的又比密度大的运动快。矿粒的这种运动差异又由于分层后不同密度和粒度颗粒占据了不同的床层高度而愈明显。水流对那些接近床条高度的颗粒冲洗力最强，因而轻矿物的粗颗粒首先被冲下，横向运动速度最大。随着床层向精矿端移动，床条的高度降低，原来占据中间层的矿物颗粒不断地暴露在上表面。于是轻矿物的细颗粒和重矿物的粗颗粒相继被冲洗下来，形成不同的横向运动速度。位于底层的重矿物细颗粒横向运动速度小，它们一直被推送到床面末端的光滑区域，这一区域称作精选区。与此相对的靠近床头的部分则是粗选区。在这两者中间床条尖灭前一段宽度为复选区。

(2) 矿粒沿床面的纵向移动

矿粒沿床面的纵向移动是由床面做不对称往复运动引起的，矿粒在床面发生相对移动的条件是矿粒的惯性力大于床面的摩擦力。

当颗粒的惯性力小于摩擦力时，颗粒即在摩擦力带动下随床面一起做加速运动，就好像矿粒黏附在床面上一样。直至床面的加速度增加到颗粒的临界加速度时，颗粒的惯性力达到与摩擦力相等。超过这一限度后摩擦力则不足以克服颗粒的惯性力，于是颗粒就沿惯性力方向(与床面加速度方向相反)相对于床面运动。

颗粒的临界加速度，其意义为颗粒开始在床面上做相对运动时床面所具有的加速度，其大小与矿粒和介质的密度、摇床表面性质有关。在其他条件一定时，颗粒的密度愈大、临界加速度亦越大。要使颗粒在床面上运动，摇床运动的加速度必须超过临界加速度。

颗粒群经过分层后，位于底层贴近床面的重矿物颗粒具有最大的摩擦系数，在床面的带动下，向前滑动的距离也最大，由此向上，颗粒层间的摩擦系数愈小，受床面推动的作用力越弱，因而在更大程度上表现为摆动运动，实际向前运动的距离依次减小，这样便进一步扩大了轻重矿粒沿纵向移动的速度差。

3. 不同性质矿粒在床面上的分带

矿粒在床面上既做横向运动又做纵向运动，其最终运动方向是这两者的向量和。

矿粒实际运动方向与床面纵轴的夹角称作偏离角 α，设某矿粒在横向的平均速度为 v_y，在纵向的平均速度为 v_x，矿粒每一瞬时沿横向和纵向的运动速度并不一样。其最终运动方向只能由横向和纵向的平均速度决定。横向运动速度愈大，偏离角 α 愈小，矿粒偏向精矿端移动。由前述矿粒在横向和纵向的运动差异可知，轻矿物的粗颗粒具有最大的偏离角，而重矿物的细颗粒偏离角最小。其他轻矿物的细颗粒和重矿物的粗颗粒偏离角则介于这两者之间，具有 $\alpha_1>\alpha_2>\alpha_3>\alpha_4$ 的关系，就构成了轻、重矿物的扇形分带（如图 1-3-5 所示）。分带愈宽，分离精度愈高。分带的宽窄决定于不同矿粒在横向和纵向的运动速度差异。

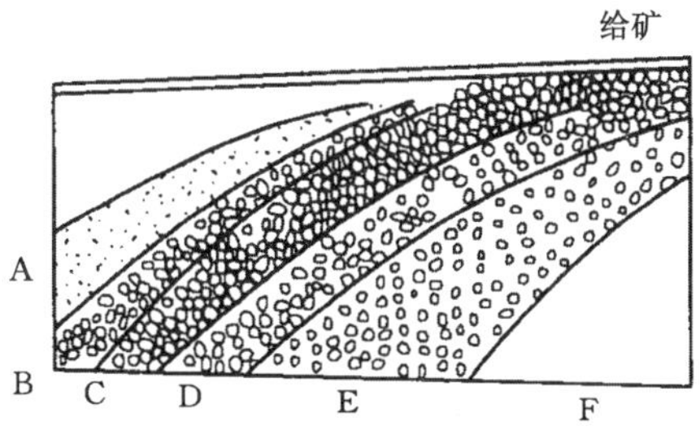

A—高密度产物；B、C、D—中间产物；E—低密度产物；F—溢流和细泥。

图 1-3-5　颗粒在摇床面的扇形分带示意图

4. 影响摇床分选的因素

(1) 床面的运动特性

床面运动的不对称程度将影响矿粒床层的松散分层与沿纵向的运搬分带。床面的不对称程度愈大，愈有利于颗粒的纵向移动。在选别矿泥时，应选用不对称程度较大的摇床。

(2) 床条的形状、尺寸

床条的高度、间距及形状影响着水流沿床面横向流动速度的大小，特别是对条沟内形成的脉动速度影响更大。矩形床条与云锡床条引起的脉动速度大，可在选别粗砂及细砂时使用。三角形床条，尤其是刻槽形床条所能形成的脉动速度很小，适于在选别细砂或矿泥原料时使用。

(3) 冲程和冲次

冲程、冲次的组合值决定床面运动的速度和加速度。为使床层在切变运动中达到适宜的松散度，床面应有足够的速度，而从输送重矿物的要求来看，床面还要有适当的正负加速度差值。冲程过小，矿粒不松散；冲程过大，矿粒来不及分层就被运走。冲程、冲次的适宜值主要与入选的物料粒度有关，处理粗砂的摇床宜选用大冲程小冲次，处理细砂和矿泥时宜选用小冲程大冲次。

(4) 横向坡度与冲洗水

冲洗水由给矿水和洗涤水两部分组成。冲洗水的大小和坡度共同决定着横向水流的流速。处理粗粒物料时，既要求有大水量又要求有大坡度，而选别细粒物料时则相反。处理同一种物料“大坡小水”和“小坡大水”均可使矿粒获得同样的横向速度，但“大坡小水”的操作方法则有助于省水，不过此时精矿带将变窄，而不利于提高精矿质量。

(5) 给矿性质

给矿量大，精矿品位提高，但回收率降低；给矿浓度大，处理量大，精矿品位提高，回收率降低。正常给矿浓度一般为 15%～30%；适宜处理粒级 3～0.037 mm，矿石入选前进行分级。

三、仪器设备与材料

（1）实验室用摇床 1 台，振筛机 1 台，马弗炉 1 台，干燥箱 1 台，制样机 1 台，电热板 1 台，电子分析天平 1 台，天平（最大量程为 1 kg）1 台。

（2）物料桶 5 个，瓷盆若干，量筒 1 个（1 000 mL）。

（3）毛刷 1 把，秒表 1 块，测角仪 1 个，转速表 1 块，钢尺 1 把。

（4）3～0.5 mm 物料（最好轻重产物之间有较大的视觉差异，如金矿氰渣）混合试样。

四、实验步骤

（1）学习设备操作规程，熟悉设备结构，了解调节参数与调节方法；试运转检查，确保实验过程的顺利进行与人机安全；称取试样两份，质量 1 kg。

（2）选定工作参数，清扫床面，调节好冲水后确定横冲水流量；将润湿好的矿样在 2 min 内均匀地加入给料槽，调整冲水及床面倾角，使物料在床面上呈扇形分布，同时调整接料装置，分别接取各产品。待分选过程结束后，停机，继续保持冲水，清洗床面，将床面剩余颗粒归入重产物。

（3）按照上述参数，用备用样做正式实验，接取 3 个产物。

（4）实验结束后，关闭设备及总电源，整理仪器及实验场所。

五、实验结果记录与分析

（1）将实验条件与分选结果数据记录于表 1-3-7 中。

（2）分析实验条件与分选结果间的关系。

（3）编写实验报告。

表 1-3-7　摇床分选实验数据记录表

试样名称：　　　　试样来源：　　　　试样质量：　　　　试样粒度：

<table>
<tr><td rowspan="2">实验条件</td><td>入料粒度/mm</td><td>处理量/(kg/h)</td><td>横向倾角/(°)</td><td>冲水量/(L/min)</td><td>冲次/(次/min)</td><td>冲程/mm</td></tr>
<tr><td></td><td></td><td></td><td></td><td></td><td></td></tr>
<tr><td rowspan="5">实验结果</td><td rowspan="2">产品</td><td rowspan="2">质量/g</td><td rowspan="2">产率/%</td><td colspan="2">品位分析/%</td><td rowspan="2">接料点距床尾距离/mm</td></tr>
<tr><td>1</td><td>2</td></tr>
<tr><td>产品 1</td><td></td><td></td><td></td><td></td><td rowspan="2"></td></tr>
<tr><td>产品 2</td><td></td><td></td><td></td><td></td></tr>
<tr><td>产品 3</td><td></td><td></td><td></td><td></td><td></td></tr>
<tr><td></td><td>合计</td><td></td><td></td><td></td><td></td><td></td></tr>
</table>

实验人员：　　　　日期：　　　　指导教师签字：

六、思考题

（1）假如摇床隔条的高度沿纵向不变会产生什么现象？为什么？

（2）摇床分选过程中哪些颗粒容易发生错配？

（3）影响摇床分选的主要因素有哪些？如何影响？

（4）与螺旋溜槽相比，摇床在重选中的应用有何特点？

教学指导

(1) 实验过程主要验证扇形分带规律,因此在选择试样时最好能从视觉上充分体现粒度、密度的分布规律差异。

(2) 实验操作比较简单,本实验为演示实验,如果有小型的摇床,可鼓励部分同学进行条件探索实验。

(3) 介绍一些摇床的实际应用,如内陆和海滨砂矿的分选实例。

实验5　细粒物料跳汰重选

一、实验目的

学习跳汰机的基本原理,掌握跳汰机的分层规律,了解实验室用跳汰机的结构组成和工作过程,熟悉跳汰机的操作步骤,研究跳汰机工作参数对矿石分选效果的影响。

二、实验原理

跳汰选矿是指物料在垂直脉动的水流中按颗粒密度差异进行的选矿过程。脉动水流可用动筛、活塞或压缩空气来实现,如图 1-3-6 所示。

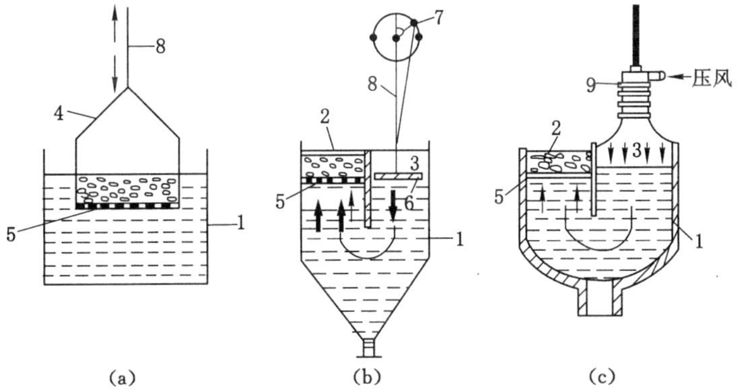

1—机壳;2—跳汰室;3—活塞(空气)室;4—筛篮;5—筛板;
6—活塞;7—偏心套;8—拉杆;9—风阀。

图 1-3-6　脉动水流的建立方式

被选物料给到跳汰机筛板上,形成一个密集的物料层,这个密集的物料层称为床层。在给料的同时,从跳汰机下部透过筛板周期地给入一个上下交变水流,物料在水流的作用下进行分选。首先,在上升水流的作用下,床层逐渐松散、悬浮,这时床层中的矿粒按照其本身的特性(矿粒的密度、粒度和形状)彼此做相对运动进行分层。上升水流结束后,在下降水流期间,床层逐渐紧密,并继续进行分层。待全部矿粒都沉降到筛面上以后,床层又恢复了紧密状态,这时大部分矿粒彼此间已丧失了相对运动的可能性,分层作用几乎全部停止。只有那些极细的矿粒,尚可以穿过床层的缝隙继续向下运动(这种细粒的运动称作钻隙运动)并继续分层。下降水流结束后，分层暂告终止，至此完成了一个跳汰周期的分层过程。

物料在一个跳汰周期中的分层过程如图 1-3-7 所示。物料在每一个周期中，都只能受到一定的分选作用，经过多次重复后，分层逐渐完善。最后，密度低的矿粒集中在最上层，密度高的矿粒集中在最底层。

(a) 分层前颗粒混杂堆积　(b) 上升水流将床层托起　(c) 颗粒在水流中沉降分层　(d) 水流下降，床层密集，重矿物进入底层

图 1-3-7　矿粒在跳汰时的分层过程

跳汰机中水流运动的速度及方向是周期变化的，这样的水流称作脉动水流。脉动水流每完成一次周期性变化所用的时间即为跳汰周期。在一个周期内表示水速随时间变化的关系曲线称作跳汰周期曲线。水流在跳汰室中上下运动的最大位移称为水流冲程，水流每分钟循环的次数称为冲次，跳汰室内床层厚度，水流的跳汰周期曲线形式，冲程和冲次是影响跳汰过程的重要参数。

在跳汰机入料端给入物料的同时，随着物料也给入了一定量的水平流，目的是将分层后的低密度物料带走，从跳汰机的溢流堰排出。

三、仪器设备及材料

(1) 实验室跳汰机 1 台。

(2) 变频器 1 台。

(3) 转速表 1 块。

(4) 接料桶 3 个，中号瓷盘 3 个，直尺 1 把，秒表 1 块。

(5) 6～13 mm 的按一定密度组成配比的煤炭 8 kg。

四、实验步骤

(1) 将煤样缩制成两份试样，每份 4 kg，按照样品的密度配比计算每个密度级的煤炭在跳汰机中应有的厚度。

(2) 连接好跳汰实验系统。

(3) 调节隔膜冲程，松开偏心瓦螺钉，调节螺钉位置，共 7 个螺钉位置可调，按顺序调整。

(4) 打开进水阀门，控制一定流量，使跳汰机内预先充满水。

(5) 开动电机，通过变频器控制跳汰机的冲次。

(6) 用直尺测量跳汰冲程，通过转速表测定冲次。

(7) 给入煤样，秒表计时，1 min 后停机，按照步骤(1)所计算的厚度，在整个物料层从上到下依次取出精煤、中煤、尾煤。

(8) 改变实验条件，重复以上步骤，得到不同工作参数下的跳汰产品。

(9) 将得到的精煤、中煤、尾煤分别过滤、烘干、称重，计算各自产率，并分别化验灰分。

(10) 实验结束后，关闭设备及总电源，整理仪器及实验场所。

五、实验结果记录与分析

(1) 用不完善度 I 评价跳汰机分层的效果。不完善度计算公式如下：

$$I = \frac{E}{\delta_p - 1} \tag{1-3-4}$$

式中 I——不完善度(数值保留小数点后两位)；

E——可能偏差；

δ_p——实际分选密度(分配密度，分配曲线上分配率 50%对应的密度)。

(2) 将实验室数据填入表 1-3-8。

(3) 撰写实验报告。

表 1-3-8　跳汰分层实验结果表

试样名称：　　　　　　　　　试样来源：　　　　　　试样质量：　　　　　　试样粒度：

实验编号	实验条件				产品名称	分选结果			
	冲程/mm	冲次/(r/min)	给料量/kg	分选时间/s		质量/kg	产率/%	一段不完善度	二段不完善度
1					精矿				
					中矿				
					尾矿				
2					精矿				
					中矿				
					尾矿				
3					精矿				
					中矿				
					尾矿				

实验人员：　　　　　　　　　　日期：　　　　　指导教师签字：

六、思考题

(1) 跳汰机的种类有哪些？

(2) 影响跳汰分选效果的因素有哪些？

(3) 跳汰选煤工艺效果的评定指标有哪些？有何意义？

教学指导

(1) 介绍跳汰选矿工艺在实践中的应用。

(2) 引导学生观察脉动水流的变化及不同矿粒运动状况，加深学生对跳汰分选原理的理解。

(3) 若有实验条件，可让学生设计正交实验，研究影响跳汰分选效果各因素的显著程度。

实验6　水力旋流器分级

一、实验目的

学习水力旋流器的结构，掌握水力旋流器的分级原理；学会水力旋流器的分级实验操作方法。

二、基本原理

水力旋流器是利用旋转流使颗粒在离心力的作用下，进行分级、分选、浓缩的一种设备。水力旋流器的结构如图 1-3-8 所示，它由一个圆筒和一个圆锥连接而成，在圆筒的中心插入一个溢流管，沿切线方向接有给料管，在圆锥的下部留有沉砂口。

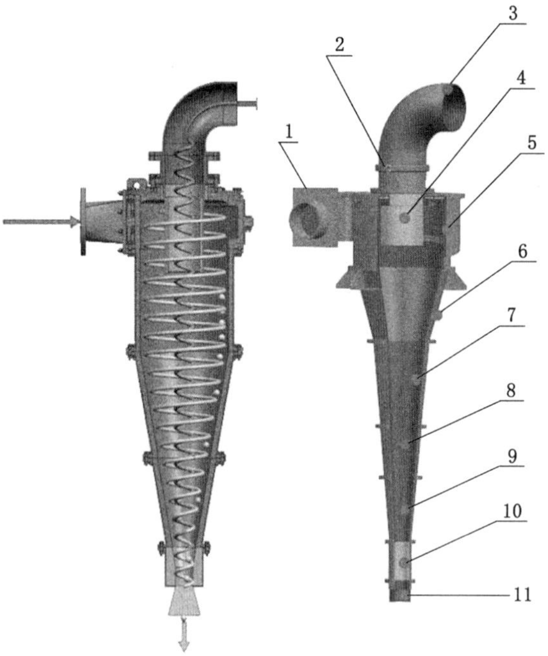

1—进料口；2—溢流管短接；3—溢流管弯头；4—溢流管；5—旋流室；
6—上锥体；7—中锥体 1；8—中锥体 2；9—下锥体；10—沉砂嘴；11—沉砂护套。

图 1-3-8　水力旋流器结构示意图

固体颗粒呈悬浮状态随料浆一起在一定的压力下沿切线方向进入旋流器内，料浆液体遇到器壁后被迫做回转运动，而固体颗粒则依原有的直线运动的惯性继续向前运动。粗颗粒惯性力大，能够克服水力阻力靠近器壁，而细小颗粒惯性力较小，未及靠近器壁即随料浆做回转运行。在后续给料的推动下，料浆继续向下和回转运动，固体颗粒相应产生惯性离心力。于是粗颗粒继续向周边聚集，而细小颗粒则停留在中心区域。这样就发生了粗细颗粒由器壁向中心的分层排列。

惯性离心力不仅固体颗粒存在，料浆液体也同样存在，并且由内向外逐层传递，到器壁处达到最大。该处的液体压强与给料压力达到平衡状态。所以旋流器必须有一定的给料压力。料浆的这种离心运动倾向也使它在进入旋流器后不能直接从溢流管排出，而只能向下做回转运动。但是如果给料压力很小，料浆不能形成足够的回转速度，便有可能从溢流管直接排出，粗细颗粒也就不可能按粒度分级。随着料浆从旋流器的柱体部分流向锥体部分，流动断面越来越小。在外层料浆收缩压迫之下，内层料浆不得不改变方向，转而向上流动。于是在旋流器内形成了两组旋转流，即外层向下的旋转流和内层向上的旋转流。此时它们的切线流向仍保持一致，只在轴向发生了变化。在流向的转变点，速度为零。将零速的各点联结起来，在空间可形成一个敞口杯形的曲面，称为轴向零速包络面。在包络面内的细小颗粒将被带入溢流，在包络面外的较粗颗粒则进入沉砂，故包络面的空间位置即决定了分离粒度的大小。料浆在旋流器内的流动情况如图 1-3-9 所示。

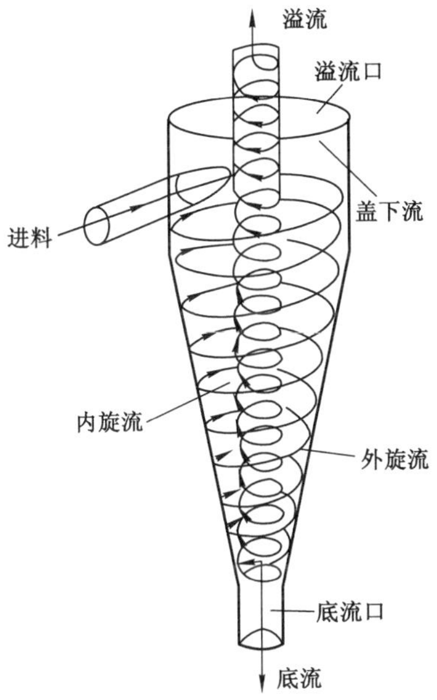

图 1-3-9　料浆在水力旋流器内的流动示意图

影响旋流器工作的参数可分为设备结构参数和操作参数两大类。结构参数有旋流器直径、给料口直径、溢流管直径、沉砂口直径、溢流管插入深度以及圆柱体高度、锥角的大小等。操作参数主要有给料浓度和给料压力。本实验只讨论给料压力对旋流器分级指标的影响。

三、仪器设备与材料

(1) ϕ50 mm 水力旋流器实验系统 1 套(包括 ϕ50 mm 水力旋流器 1 台、100 L 搅拌槽 1 台、料浆泵 1 台、压力表 1 块)，系统各设备按图 1-3-10 连接。

(2) 秒表 1 块。

(3) 取样盆数个。

(4) 天平、台秤各 1 台。

(5) 取样工具 1 套。

(6) −200 μm 石英粉(粉状物料均可)20 kg 左右。

四、实验步骤

(1) 向搅拌槽加入清水，开动实验系统，清洗并检查系统的运转情况。

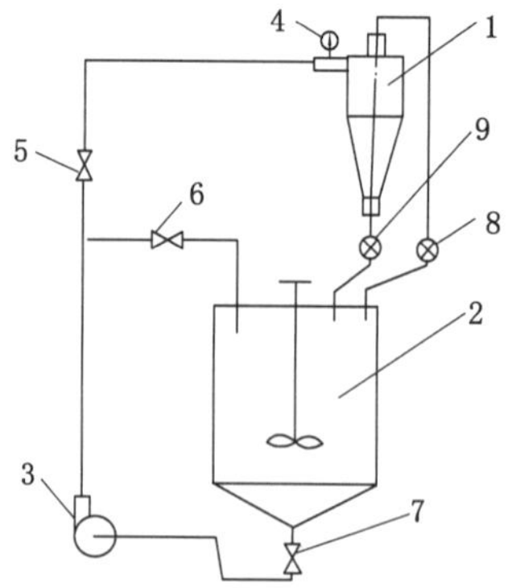

1—水力旋流器；2—搅拌槽；3—料浆泵；4—压力表；
5,6,7—阀门；8—溢流取样点；9—沉砂取样点。

图 1-3-10　水力旋流器实验系统设备联系图

(2) 确认系统运转正常后，放出清洗水。

(3) 根据实验需要确定旋流器给料浓度，并计算出加水量和加料量。

(4) 按计算的加水量先将水加入搅拌槽(一定要先加水后加矿)。

(5) 开动搅拌槽，按计算的加料量将实验物料慢慢加入搅拌槽。

(6) 开动料浆泵，将压力调到 0.08～0.10 MPa，运转 5～10 min，使料浆充分混合达到均匀状态。

(7) 根据物料特性和实验要求，确定给料压力(一般可选取 4 个给料压力，如 0.08 MPa、0.10 MPa、0.12 MPa、0.14 MPa 等)。

(8) 调节回流阀门，使旋流器给料压力达到要求值，并运转 5 min 左右。

(9) 分别在回流管、溢流管、沉砂口接取给料、溢流和沉砂样，并将各样称重以便计算浓度。

(10) 测量溢流和沉砂流量。

(11) 重复实验步骤(8)～(10)，逐个完成其余各个给料压力实验。

(12) 将所取的样品烘干称重，并取出粒度分析试样。

(13) 将各产品进行粒度组成分析，粒度分析结果填入表 1-3-9。

五、实验结果记录与分析

(1) 将实验数据记入表 1-3-10。

(2) 计算分级量效率、分级质效率和分级粒度，填入表 1-3-11。

分级量效率按下式计算：

$$\varepsilon_{c-x}=\frac{\alpha_{c-x}(\alpha_{f-x}-\alpha_{h-x})}{\alpha_{f-x}(\alpha_{c-x}-\alpha_{h-x})}\times 100\% \tag{1-3-5}$$

式中　ε_{c-x}——旋流器分级量效率，%；

α_{f-x}——旋流器给料中小于 x 粒级的含量，%；

α_{c-x}——旋流器溢流中小于 x 粒级的含量，%；

α_{h-x}——旋流器底流中小于 x 粒级的含量，%。

分级质效率按下式计算：

$$E_{质}=\frac{(\alpha_{f-x}-\alpha_{h-x})(\alpha_{c-x}-\alpha_{f-x})}{\alpha_{f-x}(\alpha_{c-x}-\alpha_{h-x})(1-\alpha_{f-x})}\times 100\% \tag{1-3-6}$$

式中　$E_{质}$——旋流器的分级质效率，%。

分级粒度是指分级给料中某一粒级在分级过程中进入溢流和底流概率相同的粒度，即效率曲线上的 d_{50}。

(3) 分析给料压力对旋流器分级指标的影响。

(4) 编写实验报告。

表 1-3-9　水力旋流器分级实验粒度分析结果

粒度/μm			$+d_1$	$-d_1+d_2$	$-d_2+d_3$	…	$-d_n$
给料		粒级质量/g					
		粒级产率/%					
		累计产率/%					
p_1/MPa	溢流	粒级质量/g					
		粒级产率/%					
		累计产率/%					
	底流	粒级质量/g					
		粒级产率/%					
		累计产率/%					
p_2/MPa	溢流	粒级质量/g					
		粒级产率/%					
		累计产率/%					
	底流	粒级质量/g					
		粒级产率/%					
		累计产率/%					
p_3/MPa	溢流	粒级质量/g					
		粒级产率/%					
		累计产率/%					
	底流	粒级质量/g					
		粒级产率/%					
		累计产率/%					
p_4/MPa	溢流	粒级质量/g					
		粒级产率/%					
		累计产率/%					
	底流	粒级质量/g					
		粒级产率/%					
		累计产率/%					

表 1-3-10　旋流器分级实验原始记录

试样名称：　　　　　　　　试样来源：　　　　　　试样质量：　　　　试样粒度：

给料压力/MPa	给矿		溢流			沉砂		
	浓度/%	流量/(m^3/h)	浓度/%	流量/(m^3/h)	产率/%	浓度/%	流量/(m^3/h)	产率/%
p_1								
p_2								
p_3								
p_4								

实验人员：　　　　　　　　日期：　　　　　　指导教师签字：

表 1-3-11　旋流器分级实验计算指标

给料压力/MPa	分级量效率/%		分级质效率/%		分级粒度 d_{50}/μm
	ε_{-20}	ε_{-40}	E_{-20}	E_{-40}	
p_1					
p_2					
p_3					
p_4					

实验人员：　　　　　　　　日期：　　　　　　指导教师签字：

六、思考题

(1) 评价水力旋流器运行工况的指标有哪些？

(2) 水力旋流器分级效果的影响因素有哪些？

(3) 水力旋流器的分级量效率和分级质效率有何不同？

(4) 举例说明水力旋流器在选矿生产中的应用。

教学指导

(1) 介绍水力旋流器在选矿生产中的应用。

(2) 重点介绍水力旋流器工作原理。

(3) 介绍影响水力旋流器工作的因素。

第四章　磁电选矿

实验1　矿物比磁化系数测定

一、实验目的

了解矿物比磁化系数的物理意义，掌握使用磁力天平测定弱磁性矿物比磁化系数的原理和方法。

二、基本原理

实验装置示意图如图 1-4-1 所示。

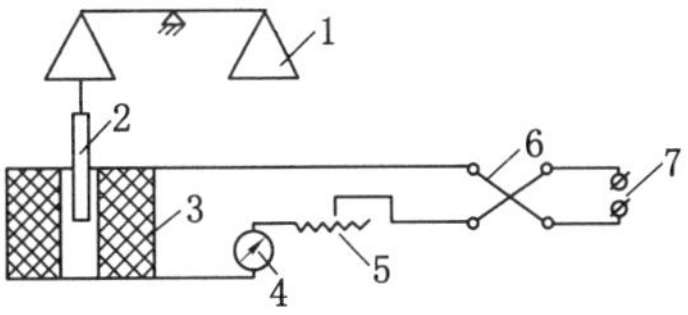

1—分析天平；2—薄壁玻璃管（F3、5、10 mm，L=3 000 mm）；3—多层螺管线圈；
4—直流电流表（30 A）；5—变阻器；6—转移开关；7—直流电源。

图 1-4-1　矿物比磁化系数测定装置示意图

将一已知比磁化系数的样品和待测样品分别先后装入同一薄壁玻璃管中，并置于磁场的同一位置，使两次测量的 $H\text{Grad }H$ 相等，则两试样在磁场中所受的比磁力分别为：

$$f_1 = \mu_0 X H \text{Grad } H \tag{1-4-1}$$

$$f_2 = \mu_0 X_0 H \text{Grad } H \tag{1-4-2}$$

式中　f_1——标准样品所受的比磁力；

f_2——待测样品所受的比磁力；

X——标准样品的比磁化系数，用氧化钆，其比磁化系数为 $1.64\times10^6\ \text{m}^3/\text{kg}$；

X_0——待测样品的比磁化系数，m^3/kg。

由上述两式得：

$$X_0 = X\frac{f_2}{f_1} \tag{1-4-3}$$

测定的任务是获得 f_1 和 f_2。

若试样的质量分别为 $P_{标}$ 和 $P_{测}$，它们在磁场中的增量分别为 $\text{d}P_{标}$ 和 $\text{d}P_{测}$，则 X_0 为：

$$X_0 = X\frac{f_2}{f_1} = X\frac{\text{d}P_{测}}{\text{d}P_{标}} \tag{1-4-4}$$

三、仪器设备与材料

(1) 磁力天平 1 台。

(2) 标准样品：氧化钆白粉末、黑钨矿粉。

(3) 铁矿石或钛磁铁矿粉末样品。

四、实验步骤

(1) 熟悉磁力天平的使用,校准天平,确定试样在磁场中的适当位置,并检查整流器激磁线路是否正常。

(2) 将试样瓶称重。

(3) 将标准样品(氧化钆白粉末)和待测样品(黑钨矿粉)分别先后装入小瓶至颈部(试样装至 250 mm),并捣紧,把它挂在分析天平的左盘下,使其下端插入线圈轴线的中点,但不触及线圈壁,再称量。

(4) 接通整流电源,调节激磁电流至一定值(分别为 1 A、2 A、2.5 A 和 3 A),测量各个电流对标准样品的增量。

(5) 按步骤(4),测定待测样品在磁场中的增量。

(6) 实验结束后,关闭设备及总电源,整理仪器及实验场所。

五、实验结果记录与分析

(1) 将实验数据记录于表 1-4-1 中。

(2) 计算矿物的比磁化系数。

(3) 编制实验报告。

表 1-4-1 强磁性矿物比磁化系数测定结果记录表

试样名称:　　　　试样来源:　　　　试样质量:　　　　试样粒度:

序号	电流/A	试样名称	瓶重/mg	瓶+样重/mg	样重/mg	在磁场中瓶+样总重/mg	增重/mg	X_0 计算值/(m^3/kg)	X_0 的算术平均值/(m^3/kg)
1	1	标准样品							
		待测样品							
2	2	标准样品							
		待测样品							
3	2.5	标准样品							
		待测样品							
4	3	标准样品							
		待测样品							

实验人员:　　　　日期:　　　　指导教师签字:

六、思考题

(1) 为什么弱磁性矿物比磁化系数测定时,激磁电流不同,测得的数据基本相近?

(2) 如何根据矿物比磁化系数的大小对磁性矿物进行分类?

(3) 影响矿物比磁化系数大小的因素有哪些?

教学指导

(1) 介绍磁力天平的使用方法。

(2) 重点介绍矿物比磁化系数测定的含义。

(3) 介绍磁选在矿物分选中的意义。

实验2　散体物料中强磁性矿物含量测定

一、实验目的

了解磁选管的结构、工作原理及操作方法，学会散体物料中磁性物含量的测定方法，掌握实验操作步骤和实验数据的分析处理方法。

二、基本原理

本实验采用磁选管来测定散体物料中强磁性物的含量。磁选管结构如图1-4-2所示，主要由选别装置、激磁装置、驱动摇摆装置和支撑装置四大部分组成。

具有不同磁性的矿物颗粒，通过磁选管形成的磁场时，必然要受到磁力和机械力（重力及流体作用）的作用。由于磁性较强和磁性较弱的矿粒所受的磁力不同，便产生了不同的运动轨迹。磁性较强的颗粒富集在两磁极中间，而磁性弱的颗粒或非磁性颗粒则在水流的作用下排出。由于磁选管与磁极间的相对往复运动，磁极间的物料产生"漂洗作用"，将夹杂在磁性颗粒间的非磁性颗粒冲洗出来。于是物料颗粒按其磁性不同分选为两种单独的产物。

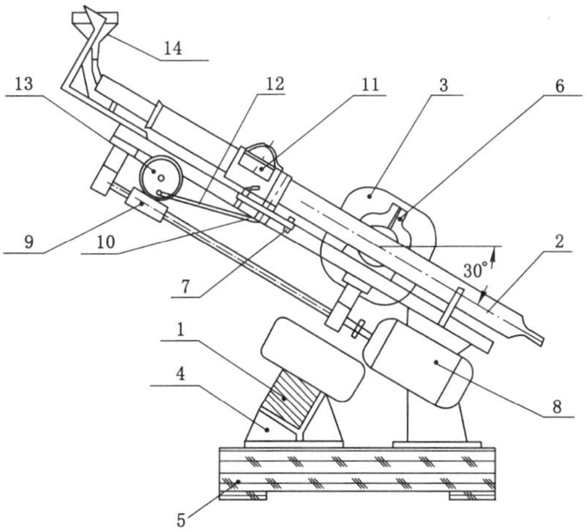

1—铁芯；2—玻璃管；3—励磁线圈；4—支座；5—底座；
6—环箍；7—支架；8—驱动电机；9—减速机构；10—滑架；
11—圆环；12—曲柄；13—涡轮；14—给料漏斗。

图1-4-2　磁选管的结构示意图

三、仪器设备与材料

(1) 磁选管1台，管子公称直径50 mm。

(2) 500 mL烧杯1个/组，玻璃棒1个/组，塑料洗瓶1个/组，20 L水桶1个/组。

(3) 大号搪瓷盆（或者不锈钢盆）1个/组，直径300～400 mm；小号搪瓷盆（或者不锈钢盆）2个/组，直径100～150 mm。

(4) 秒表1块。

(5) 电热鼓风干燥箱1台，最高温度300 ℃。

(6) 电子天平1台，最大称量100 g，感量0.1 g。

（7）磁铁矿试样 5 份，粒度小于 0.2 mm。

（8）酒精适量。

四、实验步骤

（1）学习磁选管操作规程，检查设备运行是否正常，确保实验过程的顺利进行及人机安全。

（2）缩分磁铁矿试样 20 g，备用。

（3）用软胶管将玻璃管和自来水管相连接，注水进玻璃管，调节尾矿管上的夹子，使玻璃管内水的流量保持稳定，水面高于磁极 30 mm 左右。

（4）按动电钮，电源接通。电机通过传动装置使玻璃管做往复上下移动和转动。调整激磁电流，使励磁磁场至所需值（见表 1-4-2），此时仪器处于待使用状态。

表 1-4-2　磁选管磁场强度分布表

电流/A	磁场强度/mT	电流/A	磁场强度/mT	电流/A	磁场强度/mT	电流/A	磁场强度/mT
1.0	260	2.0	470	3.0	590	4.0	660
	200		400		515		546
	170		332		400		463
	150		286		362		398
	132		255		320		361
	122		235		298		340
	116		222		285		325
	112		216		274		314
	110		213		270		310
1.5	310	2.5	520	3.5	602		
	295		447		527		
	246		390		447		
	215		325		391		
	195		288		348		
	180		270		321		
	170		255		307		
	165		243		295		
	163		240		293		

说明：磁场强度是由尖端向中心移动每 3 mm 点测得的磁场强度。

（5）将事先称好的磁铁矿试样放入 500 mL 的烧杯中，滴入 5～6 滴酒精，并加入适量清水，用玻璃棒搅拌。

（6）将仪器调至待用状态，此时尾矿管有水流出，用桶接水并收集尾矿。

（7）缓慢将矿浆从给料漏斗中给入磁选管，边给料边搅拌，给料结束后，用清水将烧杯及玻璃棒上的矿粒冲洗入磁选管。此时，磁性物吸附在磁极上，非磁性物随水一起从尾矿管排出。

（8）矿样给入磁选管后，继续给水，直至玻璃管内水清晰不浑浊时，夹住尾矿管的夹子，同时停水。

(9) 切断电源,打开尾矿管的夹子,用大号搪瓷盆接取磁性物,用水将管壁的磁性物洗净。

(10) 将激磁调整手柄回至零位。

(11) 重复步骤(3)～(10),直至所称取的试样全部分选完成。

(12) 精矿和尾矿过滤脱水,滤饼送入 105 ℃干燥箱内烘干,干燥后冷却至室温称重。

(13) 实验结束后,关闭设备及总电源,整理仪器及实验场所。

注意事项:磁选管的磁场强度较高,所以实验时手中不得拿铁器,以免打碎玻璃管;勿使手表、手机等携带物品接近磁极,以免磁化受损;分选时一定要冲洗至水清晰不混浊为止。

五、实验结果记录与分析

(1) 将实验所获数据填入表 1-4-3 中。

(2) 磁性物含量按下式计算:

$$\beta = \frac{G_j}{G} \times 100 \tag{1-4-5}$$

式中　β——磁性物含量,%;

G_j——磁性物(磁选出的精矿)质量,g;

G——试样计算质量,g。

(3) 编写实验报告。

表 1-4-3　磁性物含量测定结果表

试样名称:　　　　试样来源:　　　　试样粒度:

实验编号	试样质量/g	精矿质量/g	尾矿质量/g	磁性物含量/%	磁选时间/min	激磁电流/A

实验人员:　　　　日期:　　　　指导教师签字:

六、思考题

(1) 磁性物含量与磁选回收率是一个概念吗?

(2) 实验前为什么要先将试样调制成矿浆,不能直接给入磁选管?

(3) 试样调制成浆时为什么要加几滴酒精?

(4) 实验过程中应该注意哪些问题?

教学指导

(1) 重点介绍磁选管的结构和使用方法。

(2) 指导学生熟练使用磁选管。

实验3　散体物料中强磁性矿物的弱磁分选

一、实验目的

了解实验用鼓形湿式弱磁选机的结构、工作原理及其操作方法；了解影响磁选效果的主要因素；掌握评价磁选效果的方法和指标。

二、基本原理

物料颗粒之间的磁性差异是实现物料分选、回收的重要物理性质之一。磁选是利用磁性颗粒和非磁性颗粒在分选空间的运动行为差异进行分选的。

鼓形湿式弱磁选机是实验室常用的磁性物料分选设备，其结构示意图如图 1-4-3 所示。鼓形湿式弱磁选机主要由磁选机主体和励磁电源组成，磁选机主体包括机架组件、传动组件、磁鼓组件、给料箱组件、矿槽组件。磁鼓内装有 4 个励磁线圈及铁芯，并在其排矿侧装有 1 个没有励磁线圈的附加磁极。5 个磁极扇形排布、极性交替。磁偏角大小通过轴心的外伸结构调整。

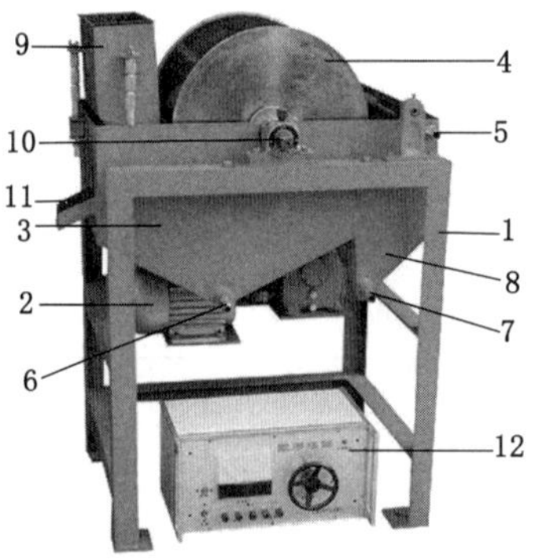

1—机架组件；2—驱动组件；3—矿槽组件；4—磁鼓组件；5—冲洗水管接口；
6—尾矿排料口；7—精矿排料口；8—精矿收集槽；9—给料箱；
10—磁偏角调节装置；11—溢流口；12—励磁电源。

图 1-4-3　鼓形湿式弱磁选机结构示意图

混合物料进入磁选机的分选空间后，颗粒受到磁力和机械力（重力、离心力、惯性力、流体动力等）的作用。磁性不同的物料颗粒受到的磁力大小不同，因此其运动的路径（轨迹）不同。当作用于颗粒的磁性力大于作用于其上的机械力的合力时，颗粒将被吸附于分选滚筒磁系上，随着滚筒旋转脱离分选区进入卸料区，从精矿排料槽排出；当作用于颗粒的磁力小于作用在其上的机械力的合力时，颗粒继续处于分选箱内，与大部分分散介质一起排入尾矿管。

磁选过程的基本条件是 $F_1>F_2>F_3$，其中 F_1 为作用于颗粒上的磁作用力，F_2 为作用于颗粒上的与磁作用力相反的机械力的合力，F_3 为作用于弱磁性颗粒上的磁作用力。

三、仪器设备与材料

(1) 鼓形湿式弱磁选机，磁鼓直径 400 mm，磁鼓转速 25 r/min。

(2) 电子天平 1 台，最大称量 2 000 g，感量 0.1 g。

(3) 50 L 塑料桶 3 个，20 L 塑料桶 1 个。

(4) 大号不锈钢盆 3 个，直径 300～400 mm；塑料洗瓶 1 个。

(5) 电热鼓风干燥箱 1 台，最高温度 300 ℃。

(6) 磁铁矿试样 2 kg，粒度小于 2 mm。

四、实验步骤

(1) 学习实验操作规程，检查设备、试运转，确保实验过程顺利进行和人机安全。

(2) 将事先已称质量的样品放入不锈钢盆中加水润湿，待用。

(3) 调整磁极位置，使磁偏角大小为实验所需。

(4) 调节各水管水量，使其处于合理状态。

(5) 打开电源开关，启动磁选机，调整励磁电流，使磁场强度达到所需值(表 1-4-4)。

(6) 将洗净的盛接精矿、尾矿、溢流的塑料桶分别放好位置。

(7) 将润湿后的试样用给矿冲洗水均匀、缓慢地冲入给矿槽，同时接取精矿、尾矿和溢流。

(8) 给矿完毕后，再选几分钟，直至转鼓不能吸附精矿到精矿槽，此时可认为选别结束；将运转按钮切断，转鼓停止转动，关闭冲洗水，关闭电源。

(9) 清洗精矿槽和尾矿槽，并入各自产品槽中。

(10) 将产品分别抽滤后置于烘箱中烘干(105 ℃)，然后称重、取样、制样、化验铁品位。

(11) 实验结束后，关闭设备及总电源，整理仪器及实验场所。

表 1-4-4　励磁电流与磁场强度对照表

<table>
<tr><th>电流/A</th><th>磁场强度/mT</th><th>平均值/mT</th><th>电流/A</th><th>磁场强度/mT</th><th>平均值/mT</th></tr>
<tr><td rowspan="4">2.5</td><td>85</td><td rowspan="4">91.25</td><td rowspan="4">4</td><td>157</td><td rowspan="4">153.6</td></tr>
<tr><td>93</td><td>148.5</td></tr>
<tr><td>104</td><td>148.2</td></tr>
<tr><td>83</td><td>160.6</td></tr>
<tr><td rowspan="4">3</td><td>118</td><td rowspan="4">120.05</td><td rowspan="4">4.5</td><td>187.5</td><td rowspan="4">179</td></tr>
<tr><td>116</td><td>182</td></tr>
<tr><td>122.9</td><td>174.4</td></tr>
<tr><td>123.3</td><td>172.2</td></tr>
<tr><td rowspan="4">3.5</td><td>138.1</td><td rowspan="4">137.3</td><td rowspan="4"></td><td></td><td rowspan="4"></td></tr>
<tr><td>139.4</td><td></td></tr>
<tr><td>137.1</td><td></td></tr>
<tr><td>134.7</td><td></td></tr>
</table>

五、实验结果记录与分析

(1) 将实验条件与数据记录于表 1-4-5 中。

(2) 计算精矿、尾矿产率。

(3) 误差分析：精矿和尾矿产物质量之和与入选矿物质量之和的差值，不得超过实验前试样质量的 1%，否则实验应重新进行。

(4) 对原矿和精矿中铁的品位进行化验,计算回收率。

(5) 编制实验报告。

表 1-4-5　实验数据记录表

试样名称：　　　　试样来源：　　　　试样质量：　　　　试样粒度：

磁选机型号：　　　　电流强度：　　　　磁场强度：

样品名称	质量/g	产率/%	品位/%	铁回收率/%
精矿				
中矿				
尾矿				
计算原矿				
原矿				

实验人员：　　　　日期：　　　　指导教师签字：

六、思考题

(1) 何为磁偏角？影响磁选效果的因素有哪些？

(2) 顺流式、逆流式和半逆流式鼓式磁选机的结构各有什么特点？其分选指标有什么不同？

(3) 简述磁选在选矿、选煤厂的应用。

(4) 分析磁场强度对磁选指标的影响规律。

(5) 磁选机如何分类？

教学指导

(1) 本实验主要让学生了解不同结构的鼓式磁选机的结构、分选特点以及影响分选指标的主要因素。

(2) 介绍磁选技术与设备在工业上的应用实例。

实验4　散体物料中弱磁性矿物的湿式强磁选

一、实验目的

学习琼斯型(间歇作业)磁选机的结构以及分选弱磁性矿物的原理和操作方法；了解和掌握磁场强度、尾矿冲洗水量等因素对分离过程和磁选指标的影响规律。

二、基本原理

磁选是在不均匀磁场中利用矿物间磁性的差异而实现矿物分离的一种选矿方法。弱磁性物料可以利用强磁场选别设备进行分选,强磁场磁选机磁场强度通常在 800～1 600 kA/m (10 000～20 000 Oe)范围内。

湿式强磁场磁选机种类很多,但这些磁选机结构上有共同特点：一是都采用电磁磁系,磁系都由磁轭、铁芯和励磁线圈组成；二是分选室都安装了不同形式的聚磁介质,以获得较高的磁场强度和磁场梯度。由于各种湿式强磁选机的聚磁介质各不相同,因此所获得的选别磁场特性和选别效果各有差别。本实验所用的磁选机为仿琼斯湿式强磁场磁选机,其聚磁介质是不锈钢导磁材料制成的齿形聚磁板。

弱磁性物料的湿式强磁选过程为:将物料由给料装置给入磁选机的分选箱(室)后,物料随即进入磁场内,料浆在强磁场中流动时,非磁性颗粒随着料浆流通过聚磁介质间隙流入下部非磁性产品接矿槽,成为非磁性产物;磁性颗粒在磁力作用下被吸在聚磁介质上,除去分选箱的磁场(断电),用水将聚磁介质上的物料冲到磁性产品接矿槽中,即得到磁性产物,实现了弱磁性物料的强磁分选。

三、仪器设备与材料

(1) XQC 型间断作业式强磁选机 1 台。

(2) 天平 1 台。

(3) 秒表 1 块。

(4) 烧杯、接样盆(桶)若干。

(5) 取样用具 1 套。

(6) −0.1 mm 左右赤铁矿若干(也可是菱铁矿、钛铁矿、菱锰矿等弱磁性物料)。

四、实验步骤

(1) 学习磁选机的构造和操作方法。

(2) 将磁选机操作方式选择开关拨在“手动”位置,接通电源、水源,检查设备有无异常现象。

(3) 称取适量试样若干份(每份试样质量视可能得到磁性产物的产率大小而定,一般磁性产物产率在 50%左右时,每份入选试样可取 50 g 左右,其他产率可类推),放入烧杯内用水调成 40%(固体含量)左右浓度的料浆,并浸泡一定时间,准备分选实验用。

(4) 根据物料特性,确定物料分选所需的磁场强度,然后由设备使用说明书中 $H=f(I)$ 曲线查出与各磁场强度相对应的激磁电流值。

(5) 在磁选机排矿漏斗下部放一接样盆,准备承接非磁性产品。

(6) 按下强磁选机控制器上的“磁场”键,接通激磁线圈,然后通过主机面板上的“激磁升、降”键将激磁电流调到需要值。

(7) 按下控制器上的“给料”键,然后用洗瓶将烧杯内的矿浆给入机内。

(8) 给矿完毕后,将“给料”键复位,并向给料槽中加入适量的冲洗水。

(9) 按下“尾冲”键,按着实验前拟定的冲洗时间,在磁场存在条件下进行净化、清洗(冲洗时间用秒表计时)。

(10) 尾矿冲洗完毕,将非磁性产品接料盆移走,再在磁选机排矿漏斗下部放一接样盆,准备承接磁性产品。

(11) 使“磁场”键复位消掉磁场,然后用“精冲”键将磁性产物冲入精矿盆中。

(12) 对所得实验产品烘干、称量,并进行化学分析。

五、实验结果记录与分析

(1) 将在实验中所选定的工艺条件,以图示和文字形式加以说明。

(2) 将实验中所改变的条件和相应的实验结果,记入表 1-4-6。

表 1-4-6　弱磁性矿物分选结果

试样名称：　　　　　　　　试样来源：　　　　　　　　试样质量：　　　　试样粒度：

实验条件	产率/%			品位/%			金属回收率/%			备注
	原矿	精矿	尾矿	原矿	精矿	尾矿	原矿	精矿	尾矿	

实验人员：　　　　　　　　日期：　　　　　　指导教师签字：

六、思考题

（1）强磁场磁选机适合处理物料的比磁化系数范围是多少？

（2）通常情况下，强磁场磁选机磁场强度的范围是多少？

（3）举例说明常见的弱磁性矿物有哪些，其磁性各有何特点。

教学指导

（1）重点介绍强磁场磁选机在选矿生产中的应用。

（2）指导学生了解弱磁性矿物的磁性特点。

（3）强调影响本实验的误差因素。

实验 5　散体物料中弱磁性矿物的高梯度磁选

一、实验目的

了解高梯度磁选机的基本结构和工作原理，加深对高梯度磁选原理的理解；了解高梯度磁选设备的基本调节与操作方法，熟悉基本操作过程；学会弱磁性物料的分选方法。

二、基本原理

弱磁性矿物的分选需要借助于强磁分选设备，其磁场强度通常在 800～1 600 kA/m (10 000～20 000 Oe)范围内。强磁场磁选机种类有很多，目前应用较为广泛的是高梯度磁选机。

LHGC 强制油冷却立环高梯度磁选机采用转环立式旋转方式，其结构如图 1-4-4 所示。线圈采用全密封油冷循环，绕组线圈所产生的磁场通过上下磁轭构成磁场回路。矿浆通过给料管进入给矿斗，沿上磁极缝隙流经转环，转环内高导磁不锈钢棒组成的感应磁介质在背景磁场中被磁化，磁介质表面形成梯度极高的磁场，矿浆中的磁性颗粒便被吸着在磁介质表面，随转环转动被带至顶部的无磁场区，再通过冲洗水的作用，将磁性物料冲入精矿斗中，非磁性颗粒沿下磁极缝隙流入尾矿斗中排走。

当鼓膜在脉动冲程箱的驱动下做往复运动时，只要矿浆液面高度能浸没转环下部的磁介质，分选室的矿浆做上下往复运动，脉动流体力使矿粒群在分选过程中始终保持松散状态，就可有效地消除非磁性颗粒的机械夹杂，提高精矿的品位，防止磁介质的堵塞。

励磁线圈采用特殊设计，线圈内设置有多层冷却油流道。采用风冷式冷凝器，强迫油循环，极为快速的散热能力确保励磁线圈在工作中保持较低的温度。LHGC-500AT 强制油冷却立环高梯度磁选机励磁电流与背景磁场的关系见表 1-4-7，其脉冲电机的输入频率与冲次关系见表 1-4-8。

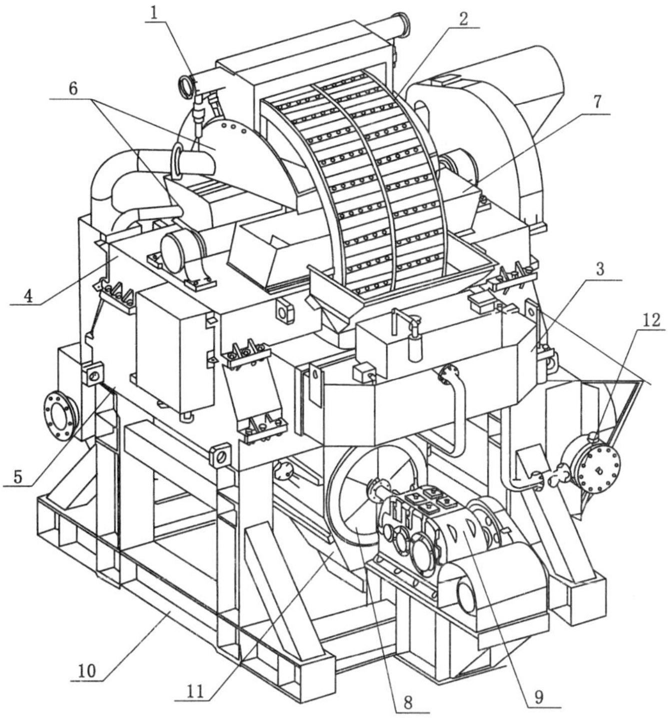

1—卸矿水管；2—转环；3—励磁线圈；4—上磁轭；5—下磁轭；6—精矿收集斗；
7—给料斗；8—橡胶鼓膜；9—脉动箱；10—机架；11—尾矿箱；12—油冷系统。

图 1-4-4　LHGC 系列立环高梯度磁选机结构示意图

表 1-4-7　LHGC-500AT 强制油冷却立环高梯度磁选机励磁电流与背景磁场的关系

电流/A	0	10	20	30	40	50	60	70	80	90	100
背景场强/T	0	0.16	0.25	0.33	0.41	0.49	0.57	0.65	0.72	0.8	0.87
电流/A	110	120	130	140	150	160	170	180	190	200	
背景场强/T	0.93	0.98	1.03	1.08	1.12	1.16	1.2	1.24	1.28	1.3	

表 1-4-8　LHGC-500AT 强制油冷却立环高梯度磁选机脉冲电机的输入频率与冲次关系

频率/Hz	5	10	15	20	25	30	35	40	45	50
冲次/(次/min)	69	138	207	276	345	414	483	552	621	690

三、仪器设备与材料

(1) LHGC-500AT 强制油冷却立环高梯度磁选机 1 台，磁场强度 0～1.4 T，分选环转速 0～3 r/min。

(2) 电子天平 1 台，最大称量 2 000 g，感量 0.1 g。

(3) 50 L 塑料桶 5 个。

(4) 大号不锈钢盆 3 个，直径 300～400 mm；塑料洗瓶 2 个。

(5) 电热鼓风干燥箱1台,最高温度300 ℃。

(6) 赤铁矿试样4 kg,粒度小于0.2 mm。

四、实验步骤

(1) 学习操作规程,检查设备,确保实验过程顺利进行和人机安全。

(2) 开机。

① 开启实验用水,并通过调节阀门和水量使其平衡;

② 打开总电源开关,此时冷却油循环泵自动开启;

③ 打开转环控制开关,转环电机启动,调节转环转速至所需转速(0～3 r/min);

④ 打开脉动控制开关,脉动电机启动,按照表1-4-8调节输入频率,使脉动冲次至所需值;

⑤ 打开励磁控制开关,缓慢调节励磁电流,同时观察电流表指针的移动,并将电流调至所需值;

⑥ 一切正常后,给入矿样进行分选实验,在精矿管和尾矿管分别接取精矿、尾矿,然后抽滤、烘干,称量质量。

(3) 关机。

① 实验结束后,缓慢地将励磁电流调至零,按动停磁按钮;

② 2 min后,依次停止脉动、转环;

③ 关闭总电源;

④ 将精矿槽、尾矿槽分别冲洗干净,关闭实验用水;

⑤ 实验过程中出现紧急情况应立即关闭总电源,处理意外,清理场地;

⑥ 实验结束后,关闭设备及总电源,整理仪器及实验场所。

注意事项:

(1) 开机前检查各部件是否正常,如有问题应及时处理。

(2) 设备运转过程中,检查各部件有无异常情况,观察仪表指示,不得超过规定值。

(3) 防止大颗粒及杂物进入机内,避免造成堵塞和损坏。

(4) 磁场强度很高,带有磁性物品(如手表、手机、磁卡等)的同学请勿靠近。

五、实验结果记录与分析

(1) 根据实验条件记录并处理实验数据,填入表1-4-9中。

(2) 绘制磁场强度-精矿品位、磁场强度-尾矿品位、冲次-精矿品位曲线。

(3) 编写实验报告。

表1-4-9　实验数据记录表

试样名称:　　试样来源:　　试样质量:　　设备型号:

序号	实验条件			精矿产品		尾矿产品	
	电流/A	磁场强度/T	冲次/(次/min)	产率/%	Fe品位/%	产率/%	Fe品位/%
1							
2							
3							
4							

实验人员:　　日期:　　指导教师签字:

六、思考题

(1) 高梯度磁选机与一般的磁选机有何区别？各适合分选何种矿物？

(2) 高梯度磁选机的磁选效果如何评价？

(3) 何谓励磁电流？何谓背景磁场？它们之间有何关系？

教学指导

(1) 重点介绍高梯度磁选机的结构、原理及分选过程。

(2) 介绍高梯度磁选机的磁场产生方式。

(3) 介绍高梯度磁选机的应用领域。

实验6　物料的静电分选

一、实验目的

了解静电分选机的基本结构和工作原理，熟悉电选过程与影响机制；了解静电分选机的基本调节与操作方法，熟悉电选实验的基本操作过程。

二、基本原理

待分选物料中的矿物颗粒根据电导率的大小可分为导体(电导率 $\gamma \geqslant 10^6 \sim 10^7$ S/m)、半导体(电导率 $\gamma = 10^5 \sim 10^6$ S/m)、非导体(电导率 $\gamma \leqslant 10^{-10}$ S/m)。以矿物加工为例，其涉及的对象大部分为半导体和非导体，前者如金属氧化矿、硫化矿等，而后者主要为硅酸盐矿物、碳酸盐矿物。电选是依靠不同物料间的电性差异，借助于高压电场作用实现分选、分离的一种物料分选方法。在静电分选过程中，由于高压电场的作用，不同电导率的矿物颗粒携带不同性质和大小的电荷，从而受不同的电场力作用而实现分选、分离。

在高压静电场中，矿物颗粒受电场的感应而带电。导电性好的颗粒在靠近电极的一端产生与电极极性相反的电荷，而另一端产生与电极极性相同的电荷。颗粒所带的这种感应电荷在一定的条件下是可以转移的。如果移走的电荷与电极电荷相同，则剩下的电荷与电极电荷相反，此时颗粒将被吸向电极一边；而导电性差的颗粒虽然处于同样感应电场，但只能被电场极化，此时颗粒两端虽然也表现出相反的电荷，但电荷不能被移走，因此不能表现出明显的电性而被吸向电极一边。这样导电性不同的颗粒就出现了明显的分布差异，在其他外力如惯性力、重力等的综合作用下，居于不同的区域，实现分选、分离。

工业实践中使用的电选机多采用电晕电场实现物料的分选。该电场通常由一对辊式电极构成，其中直径较小的为电晕电极。当电场电压达到一定值时，通常作为负电极的电晕电极放出大量的电子，在其附近电离气体分子形成气体负电荷，发生电晕放电。在电场的作用下，两电极间的气体不断地被电离形成气体电荷，同时飞向正极，形成电晕电场。物料颗粒进入分选电场以后，不断与气体电荷碰撞获得负电荷。但由于导电性不同，不同的物料颗粒表现出不同的行为。导电性好的物料颗粒迅速将负电荷传递给正极，本身不显示电性，因而不受电场力的作用，而导电性差的物料颗粒电荷传递速度很慢，不同程度地显示出负电性而受到正极的吸引作用，从而实现了不同电性物料颗粒的分离。图 1-4-5 为电选机的结构示

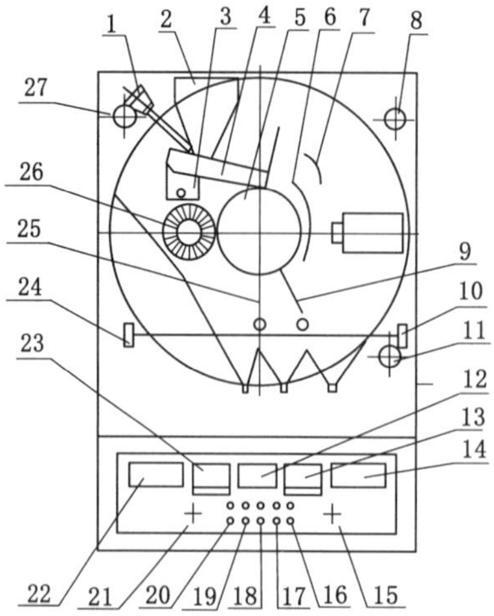

1—给料调节手轮；2—料仓；3—振动给料器；4—给料溜槽；5—鼓筒；
6—电晕电极；7—偏极(静电极)；8—电极周向调节手轮；9—前分隔板；
10—前分隔板调节手轮；11—电极径向距离调节手轮；12—变频调速控制板；
13—高压电流表；14—料仓温度控制仪；15—给料调节旋钮；16—给料启/停按钮；
17—毛刷离合按钮；18—高压启/停按钮；19—转鼓启/停按钮；20—电源启/停按钮；
21—高压调节按钮；22—转鼓温度控制仪；23—高压电压表；24—后分隔板调节手轮；
25—后分隔板；26—毛刷；27—给料溜槽角度调节手轮。

图 1-4-5 电选机结构示意图及外形图

意图和外形图。

三、仪器设备及材料

(1) 实验用电选机 1 台，天平(1 kg)1 台，秒表 1 块。

(2) 粉煤灰(2～0.074 mm)2 kg、金属矿粉末(3～1 mm)2 kg。

(3) 工具：毛刷，万用表，制样工具，常用机修工具。

四、实验步骤

(1) 熟悉电选机的结构及操作规程。

(2) 设备检查、试运转及其他准备工作。

(3) 选择设定运转参数并记录。

(4) 开机，进行不同电压条件下的分选实验(每一次分选实验要求持续一段时间，在前一段时间可以根据直接观察的分选情况适当调整有关操作参数，特别是分隔板的位置，再进行正式接料)。

(5) 将接取的各分选产物称重、制样并进行相应的化验分析，详细记录原始数据。

(6) 实验结束后，关闭设备及总电源，整理仪器及实验场所。

五、实验结果记录与分析

(1) 实验原始数据记录于表 1-4-10，同时注意记录观察到的各种现象。

(2) 分析分选指标、产率、品位等与电压指标之间的关系。

(3) 编写实验报告。

表 1-4-10　电选实验数据记录表

试样名称：　　　　试样来源：　　　　试样质量：　　　　设备型号：　　　　试样粒度：

电压	$U_1=$ ____ V			$U_2=$ ____ V			$U_3=$ ____ V		
产品	质量/g	产率/%	品位/%	质量/g	产率/%	品位/%	质量/g	产率/%	品位/%
产品 1									
产品 2									
产品 3									
合计									
实验现象									

实验人员：　　　　日期：　　　　指导教师签字：

六、思考题

(1) 颗粒导电性差异是如何影响其电选分选行为的？影响电选的主要因素有哪些？

(2) 电选入料为什么要保持干燥？为什么要去除入料中的微细级物料？分析粒度对电选效果的影响规律。

(3) 分析电晕电极的数量以及静电电极极距的变化对分选效果(产率、品位、回收率)的影响规律。

教学指导

(1) 对于高压带电设备，应注意向学生强调操作安全。建议本实验为集体演示实验，但应注意突出实验现象，可考虑选用视觉差异较大的物料。

(2) 有兴趣的同学可以在实验员指导下开展更进一步的实验，研究电晕电极的数量以及静电电极极距的变化对分选效果(产率、品位、回收率)的影响规律。

第五章 浮选及化学选矿

实验1 材料表面润湿接触角测定

一、实验目的

了解接触角测定装置的基本结构和工作原理；学习测定物料接触角的基本操作，了解表面活性剂对物料接触角的影响及实际应用。

二、基本原理

润湿接触角是指液滴在物体表面扩展并达到平衡状态后，在三相周边上某一点引出气液界面的切线，则该切线与固液界面的夹角称为润湿接触角，如图1-5-1所示。

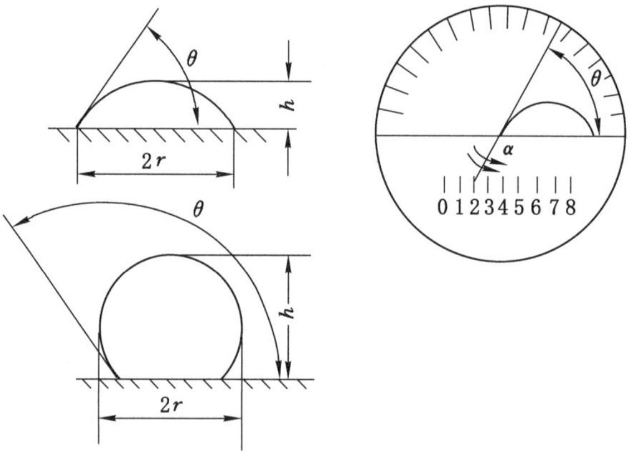

图1-5-1 接触角示意图

在固水、水气、固气三个界面上，分别存在三个力（表面张力），用符号$\sigma_{固水}$、$\sigma_{水气}$、$\sigma_{固气}$表示，这三个力都是从三相交点向外的拉力。

当三个力的作用达到平衡时，$\sigma_{固气}=\sigma_{固水}+\sigma_{水气}\times\cos\theta$，则

$$\cos\theta=\frac{\sigma_{固气}-\sigma_{固水}}{\sigma_{水气}} \tag{1-5-1}$$

接触角是反映矿物表面亲水性与疏水性强弱程度的一个物理量。接触角越大，表示矿物表面的亲水性越弱，气泡越易排开矿物表面的水化膜，矿物在气泡表面的附着也越稳固，因而也越易浮选；反之，则难于浮选。

通过测定矿物的接触角，可以对各种矿物的天然可浮性作出大致的评价。在固、水、气三相系统中，对于亲水表面，$\theta=0\sim90°$，疏水表面$\theta=90°\sim180°$。实际固、水、气三相系统中，最大接触角都小于110°，石蜡具有的接触角最大为106°。

将矿粒用浮选药剂溶液进行处理后，其接触角会发生较明显变化。矿物的可浮性为$1-\cos\theta$，θ为润湿接触角，利用润湿接触角测量仪即可测得该角。

三、仪器设备及材料

(1) 接触角测定仪(如图 1-5-2 所示)。

(2) 烧杯,量筒,镊子,注射器。

(3) 丁基黄药,煤油等浮选药剂,水玻璃。

(4) 磨料(400 号,600 号)。

(5) 矿物磨片:方铅矿,黄铁矿,煤,石英,石蜡,聚氨酯抛光片或其他材料(规格 4 cm×2 cm×0.5 cm)。

图 1-5-2　接触角测定仪

四、实验步骤

(1) 学习了解接触角测定仪的操作。

(2) 净化物料磨片(抛光片:精煤、中煤、矸石和金属矿石):将待测磨片置于干净的玻璃板上,用磨料轻轻磨去表面的污染物,用蒸馏水洗净,然后打光,并用蒸馏水清洗。

(3) 将待测磨片用绒布擦干,用镜头纸包好待测。

(4) 将待测磨片置于样品盒上,然后调整焦距,使注射器针头和样品影像清晰地呈现于目镜中,在电脑内清晰可见,然后缓慢移动粘有液滴的微量注射器至待测矿物表面,通过上移注射器,在注射器离开液滴瞬间,迅速用鼠标按下照相,并将其取名保存,然后在测量软件中打开所保存的图片,按照所用仪器的测试原理测定润湿接触角,两次测量误差不超过 3°,再取平均值,重复两次。

(5) 将待测磨片置于药剂溶液中,浸泡 3 min 后用镜头纸擦干,再次测定润湿接触角。

(6) 注意:每次测量时间越短越好,水滴直径不能太大,最好保持在 1～2 mm,测试过程必须注意保持磨片的洁净度。

(7) 实验结束后,关闭设备及总电源,整理仪器及实验场所。

五、实验结果记录与分析

(1) 将实验条件及测试结果记录于表 1-5-1 中。

(2) 分析药剂作用前后接触角的变化及其原因,结合界面化学和表面活性剂知识分析表面改性剂的作用机理与实际应用。

(3) 编写实验报告。

表 1-5-1　接触角测定实验记录表

试样名称：　　　　　　试样来源：　　　　　　试样质量：　　　　　　设备型号：

序号	测试对象	表面改性方法	润湿接触角
1			
2			
3			
4			

实验人员：　　　　　　　　日期：　　　　　　指导教师签字：

六、思考题

(1) 测试时间太长、液滴直径过大等对测量结果有何影响？

(2) 选矿用捕收剂和抑制剂的作用机理是什么？举例介绍其实际应用。

(3) 矿物接触角大小和其可浮性有何关系？天然可浮性比较好的矿物有哪些？

教学指导

(1) 介绍矿物材料表面改性技术及应用情况。

(2) 鼓励学生根据物理化学知识设想一些其他的接触角测定思路。

实验 2　物料电动电位测定

一、实验目的

掌握显微电泳仪测定矿物电动电位的方法；深入理解物料表面双电层理论。

二、基本原理

矿物在水溶液中，其表面可以产生双电层，由微细矿粒组成的粗分散体系的某些性质接近于胶体溶液，在电场作用下可以发生电泳现象。微细固体粒子产生电泳时粒子与水发生相对移动。根据粒子移动速度和给入的端电压，就可以计算出粒子滑动界面上带电荷的正负与电位大小。

电动电位的值可用下式计算：

$$\xi = \frac{4\pi\eta u}{\varepsilon E}(300)^2 \tag{1-5-2}$$

式中　ξ——电动电位，mV；

u——电泳速度，μm/s；

E——电位梯度，V/cm；

ε——水的介电常数；

η——水的黏性系数，P(1 Pa・s=10 P)。

矿粒所带电的正负根据离子运动方向来确定，当粒子向正极移动则 ξ 为负，反之为正。式中 u/E 称为电泳迁移率或淌度。实验中，测出 u 及 H 两项值，代入公式便可以计算出电动电位值。

三、仪器设备及材料

(1) 显微电泳仪 1 套，装置图如图 1-5-3 所示。

(2) 电泳毛细管若几支。

(3) pH 计 1 台。

(4) 乳钵 2 个。

(5) 烧杯 2 个。

(6) 石英或赤铁矿纯矿物。

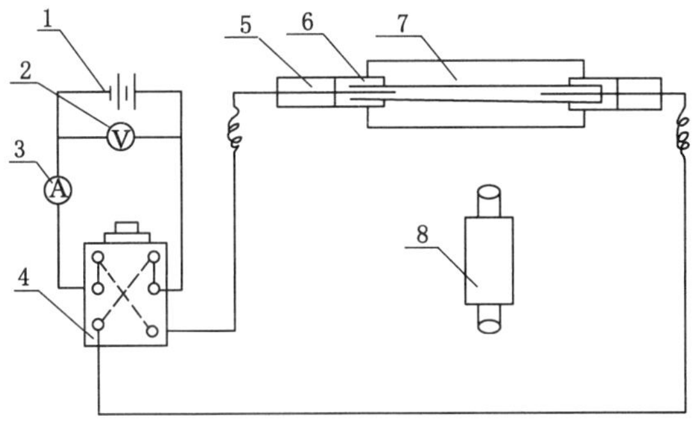

1—直流电源；2—直流电压表；3—微安表；4—转向开关；
5—银电极；6—盐桥；7—电泳管；8—显微镜。

图 1-5-3　电泳仪装置图

四、实验步骤

熟悉仪器各部分结构及使用方法，先用自来水后用蒸馏水将所用容器和毛细管清洗干净。按以下各步进行操作：

(1) 测定电泳毛细管的内壁距离。将空的(不带水的)毛细管置于电泳槽中，将镜头的焦点对准毛细管的内壁，镜下仔细观察，在内壁有一条细细的划痕，找到一个内壁后将千分表对准 0 点，再找第二个内壁的划痕，两内壁划痕的距离可在千分表上读出。

(2) 确定毛细管内静止层位置。对于截面为长方形的毛细管，它的静止层在距离管壁 10%距离处。

(3) 制备纯物料的悬浮液。称取 0.1 g 粒度为 −10 μm 纯物料，置于乳钵中研磨 3～5 min，用蒸馏水洗至烧杯中，配制 300 mL。需要测定不同 pH 溶液中电动电位时，用 HCl 或 NaOH 滴定至要求的 pH 值。

(4) 将一制备好的悬浮溶液置于毛细管中，靠表面张力的作用可将毛细管吸满。仔细观察一下，毛细管内不应有小气泡，否则重吸。

(5) 毛细管两端接上盐桥和电极。盐桥由 3%琼胶和 0.1%HCl 配制而成，实验前已制成小塑料管盐桥，电极为银电极。先将盐桥套在毛细管上，再接上电源(40～45 V 直流)后可以进行测定。

(6) 测定电泳速度。电极接上电源后，带电粒子便产生位移，先注意移动方向，判断粒子带电正负，以后测定移动距离，并记下时间。记下粒子移动 10 格的时间，重复进行几次，计算平均值(目镜测微尺放大 100 倍时 10 格距离相当于 720 μm)。

(7) 测定电位梯度。测定毛细管两端盐桥的距离，读出两端的电位差，计算出电位梯度。

(8) 按公式计算出电动电位值。

(9) 再变化其他条件,进行另一个条件的测定。

(10) 实验结束后,关闭设备及总电源,整理仪器及实验场所。

五、实验结果记录与分析

(1) 将测定结果记入表 1-5-2 中,并对实验结果进行分析。

(2) 编写实验报告。

表 1-5-2 电动电位测定实验结果

试样名称: 试样来源: 试样质量: 设备型号:

物料	作用条件 /pH	电位梯度 /(V/cm)	电泳速度 /(cm/s)	电泳迁移率 /[cm^2/(s·V)]	电动电位 /V
石英					
赤铁矿					

实验人员: 日期: 指导教师签字:

六、思考题

(1) 测定物料电动电位的方法有哪几种,其原理是什么?

(2) 测定电动电位值对浮选的指导意义是什么?

教学指导

(1) 介绍矿物浮选的应用。

(2) 介绍影响矿物可浮性的因素。

(3) 介绍显微电泳仪测定电动电位值的原理。

实验 3 单元浮选实验

一、实验目的

了解浮选机的结构、工作原理及操作过程;学习浮选实验的基本操作;观察浮选过程的现象,分析浮选机理。

二、基本原理

矿物表面疏水性差异是矿物浮选的基础,表面疏水性越大的颗粒越容易被气泡捕捉而上浮。通过适当的途径改变或强化矿浆中目的矿物与非目的矿物之间表面疏水性差异,以气泡作为分选、分离载体的分选过程即浮选。浮选按分选有价组分不同可分为正浮选与反浮选,将无用矿物(即脉石矿物)在矿浆中作为尾矿排出的方法称正浮选,反之称反浮选。浮选中常用的浮选药剂有捕收剂、起泡剂、抑制剂、活化剂、pH 调整剂、分散剂和絮凝剂等。常见的浮选机有机械搅拌式、充气式、充气机械搅拌式、气体析出式(变压式)浮选机等。浮选过程一般包括以下几个过程:

① 矿浆准备与调浆：借助某些药剂的选择性吸附，增加矿物的疏水性与非目的矿物的亲水性。这一般通过添加目的矿物捕收剂或非目的矿物抑制剂来实现。有时还需要调节矿浆的 pH 值、温度等其他性质，为后续的分选提供对象和有利条件。

② 形成气泡：气泡的产生一般是通过向添加有适量起泡剂的矿浆中充气来实现，形成颗粒分选所需的气液界面和分离载体。

③ 气泡的矿化：矿浆中的疏水性颗粒与气泡发生碰撞、附着，形成矿化气泡。

④ 形成矿化泡沫层、分离：矿化气泡上升到矿浆的表面，形成矿化泡沫层，并通过适当的方式刮出即为泡沫精矿，而亲水性的颗粒则保留在矿浆中成为尾矿。

三、仪器设备与材料

(1) 实验室用浮选机(如图 1-5-4 所示)1 台，真空过滤机 1 台，干燥器 1 台，电热鼓风干燥箱 1 台，电子分析天平 1 台(最大称量 100 g，感量 0.1 mg)，制样机 2 台，电子天平(最大量程 500 g，感量 0.01 g)1 台，微量注射器 2 支，瓷盆 2 个，方盘 2 个，滤纸 2 张，秒表 1 块，洗瓶 1 只。

(2) 入浮试样 1 kg。

(3) 浮选药剂，以煤泥浮选为例：准备捕收剂(柴油、煤油)，起泡剂(杂醇)。

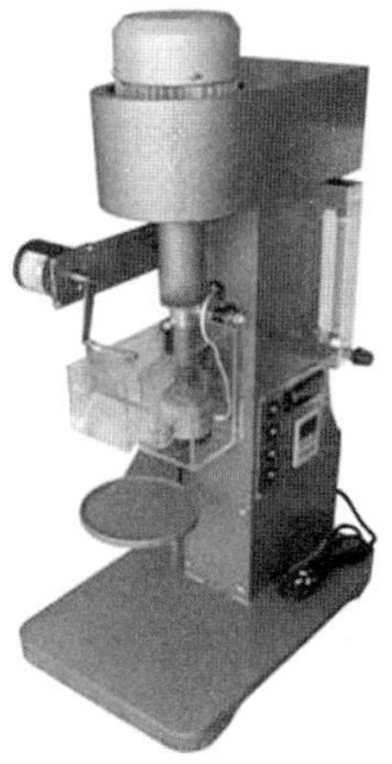

图 1-5-4 实验室槽式浮选机

四、实验步骤

(1) 学习浮选机操作规程，熟悉设备结构，了解操作要点；试运转浮选机，确保实验顺利进行和人机安全。

(2) 检查、清洗浮选槽并安装就位。

(3) 称取所需试样、计算药剂量。添加药剂的数量可按下式进行计算：

$$V = \frac{qQ}{\rho} \tag{1-5-3}$$

式中 V——添加药剂溶液体积，mL；

q——单位药剂用量，g/t；

Q——实验的矿石质量，t；

ρ——药剂密度，g/mL。

(4) 保持进气阀关闭，向浮选槽加水至第一道刻度线，开动浮选机，加入称好的试样，待矿浆搅拌均匀后，加水至第 2 道标线，预搅拌 2 min。

(5) 用微量注射器向矿浆中加入所计量的捕收剂，搅拌 1 min。

(6) 向矿浆中加入所计量的起泡剂，搅拌 30 s 后，打开充气开关向矿浆中充气；随即开启刮泡机构，以 30 次/min 的速度刮取泡沫，并全部用不锈钢盆接取。

(7) 随着浮选的进行，浮选槽中的液位会逐渐降低，为了保证均匀刮泡，需要用洗瓶不断补加清水，同时冲洗黏附在搅拌轴、槽壁上的颗粒，清水补加量以不积压泡沫、同时也不刮水为准则。

(8) 待无泡沫或泡沫基本变为水泡后，关闭进气阀，停机，边壁黏附的颗粒冲入槽中，溢流口及刮板上的颗粒冲洗入精矿，浮选槽中为尾矿(若为反浮选，则溢流口及刮板上的颗粒冲洗入尾矿，浮选槽中为精矿）。

（9）将滤纸裁至合适大小并称重，然后放置在真空过滤机上，将分选产品分别过滤脱水，然后烘干，冷却至室温后带滤纸称重，计算浮选精矿、尾矿产率，并分别制样进行化验。

（10）实验结束后，用清水冲洗浮选机，然后关闭设备及总电源，整理仪器及实验场所。

注意事项：

（1）浮选实验的质量损失要符合要求，由浮选精矿和尾矿的质量之和与实际浮选入料的质量计算损失率，矿石浮选的总质量损失率不得超过1%，煤泥浮选的总质量损失率不得超过2%，否则该实验需要重做。

（2）浮选作业要用新鲜的矿浆进行浮选。

五、实验结果记录与分析

（1）将实验条件及测试结果记录于表1-5-3中。

（2）编写实验报告。

表1-5-3　煤泥浮选实验记录表

试样名称：　　　　试样来源：　　　　试样质量：　　　　设备型号：

实验条件	入料浓度/(g/L)	起泡剂用量/(g/t)	捕收剂用量/(g/t)	充气量/[m^3/(m^2·min)]	主轴转速/(r/min)
实验结果	产品	质量/g	产率/%	灰分/%	
	精矿				
	尾矿				
	合计				
	误差				

实验人员：　　　　日期：　　　　指导教师签字：

六、思考题

（1）为什么搅拌调浆阶段不能充气？

（2）简述捕收剂和起泡剂的作用机理。

（3）简述浮选药剂的种类与作用。

（4）分析实验误差产生的原因。

教学指导

（1）由于本次实验的工作量大，实验前实验小组应共同研究实验时的分工，且实验前应将所有实验需要的试剂用量数据计算完毕，做好实验准备。

（2）注意引导学生观察浮选过程的现象，如泡沫的状况、矿化程度、矿浆充气等。

实验 4　浮选闭路流程试验

一、实验目的

了解浮选闭路流程试验的方法和目的，掌握闭路流程试验数质量流程的计算方法。

二、基本原理

闭路试验是用来考察循环物料影响的分批试验，是在不连续的设备上模仿连续的生产过程。其目的是找出中矿返回对浮选指标的影响；调整由于中矿循环引起药剂用量的变化，考察中矿矿浆带来的矿泥或其他有害固体，或可溶性物质是否会累积起来并妨碍浮选；检查和校核所拟定的浮选流程，确定可能达到的浮选指标等。

闭路试验是按照开路试验选定的流程和条件，接连而重复地做几个试验，但每次所得的中间产品（精选尾矿、扫选精矿）仿照现场连续生产过程给到下一试验的相应作业，直至试验产品达到平衡为止。例如，如果采用如图 1-5-5 所示的简单的一粗、一精、一扫闭路流程，则相应的实验室浮选闭路试验流程如图 1-5-6 所示。

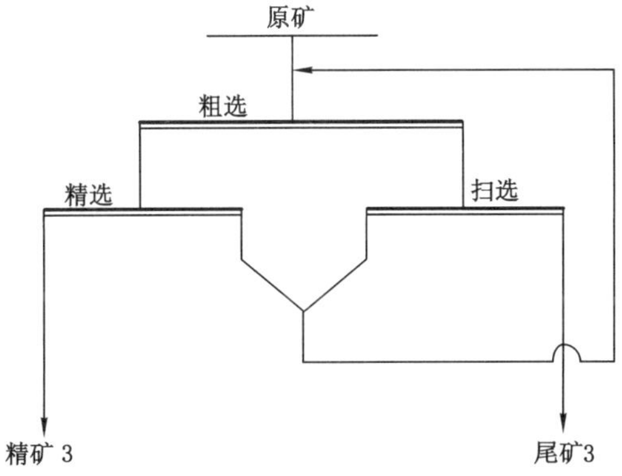

图 1-5-5　简单闭路流程

一些复杂的流程闭路试验中有几次精选作业和扫选作业，每次精选尾矿和扫选精矿一般顺序返回前一作业，也可能有中矿再磨等。

一次闭路试验需要多台浮选机和多个操作人员，在一般情况下，闭路试验要接连做 5～6 个试验，为初步判断试验产品是否已经达到平衡，最好在试验过程中将产品过滤，把滤饼称湿重或烘干称重，并进行产品的快速化验，以分析试验是否已达到平衡，即产率和金属量的平衡。一般分析第 3 个试验以后的浮选产品的金属量和产率是否与原矿入料大致相等。

如果在试验过程中发现中间产品的产率一直增加，达不到平衡，则表明中矿在浮选过程中没有得到分选，将来生产时也只能机械地分配到精矿和尾矿中，从而使精矿质量降低，尾矿中金属损失增加。

即使中矿量没有明显增加，但如果根据各产品的化学分析结果看出，随着试验的依次往下进行，精矿品位不断下降，尾矿品位不断上升，一直稳定不下来，这也说明中矿没有得到分选，只是机械地分配到精矿和尾矿中。对以上两种情况，都要查明中矿没有得到分选的原因。如果通过产品的考察查明中矿主要是连生体组成，就要对中矿进行再磨，并将再磨产品单独进行浮选试验，判断中矿是否能返回原浮选循环还是单独处理。如果是其他方面的原

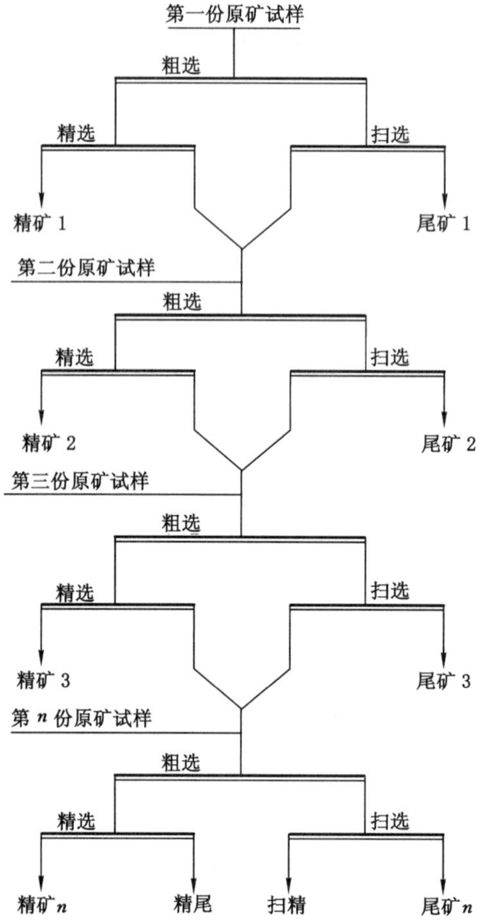

图 1-5-6　浮选闭路试验流程示例

因，也要对中矿单独进行研究后才能确定它的处理方法。

注意事项：

(1) 随着中间产品的返回，某些药剂用量要相应地减少，这些药剂可能包括烃类非极性捕收剂、黑药和脂肪酸类等兼有起泡性质的捕收剂，以及起泡剂。

(2) 中间产品会带进大量的水，因而在试验过程中要特别注意节约冲洗水和补加水以免发生浮选槽装不下的情况，实在不得已时，把脱出的水留下来作冲洗水或补加水。

(3) 考虑闭路试验的复杂性和产品存放造成影响的可能性，要求把时间耽搁降低到最低限度。应预先详细地做好计划，规定操作程序，严格遵照执行。必须预先制定出整个试验流程，标出每个产品的号码，以避免把标签或产品弄混所产生的差错。

(4) 要将整个闭路试验连续做到底，避免中间停歇，使产品搁置太久。

根据闭路试验结果计算最终浮选指标的方法有以下三种：

(1) 将所有精矿合并算作总精矿，所有尾矿合并算作总尾矿，中矿单独再选一次，再选精矿并入总精矿中，再选尾矿并入总尾矿中。

(2) 将达到平衡后的最后 2～3 个试验的精矿合并作总精矿，尾矿合并作总尾矿，然后根据"总原矿＝总精矿＋总尾矿"的原则反推总原矿的指标。中矿则认为进出相等，单独计算。这与选矿厂设计时计算闭路流程物料平衡的方法相似。

(3) 取最后一个试验的指标做最终指标。

一般都采用方法(2)，其具体操作如下：

假设接连共做了5个试验，从第3个试验起，精矿和尾矿的质量及金属量即已稳定了，因而采用第3、4、5个试验的结果作为计算最终指标的原始数据。

图1-5-7表示已达到平衡的第3、4、5个试验的流程图，表1-5-4列出了表示各产品的质量、品位的符号，如果将3个试验看作一个总体，则进入这个总体的物料为：原矿3＋原矿4＋原矿5＋中矿2。

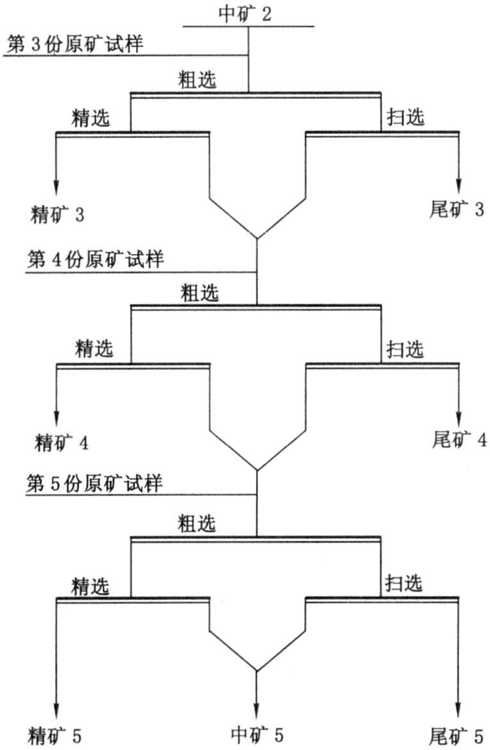

图1-5-7 闭路流程

表1-5-4 闭路试验结果

试验序号	精矿		尾矿		中矿	
	质量/g	品位/%	质量/g	品位/%	质量/g	品位/%
3	W_{c3}	β_3	W_{t3}	θ_3	W_{m3}	β_{m5}
4	W_{c4}	β_4	W_{t4}	θ_4		
5	W_{c5}	β_5	W_{t5}	θ_5		

总体出来的物料有：(精矿3＋精矿4＋精矿5)＋中矿5＋(尾矿3＋尾矿4＋尾矿5)。

由于试验已达到平衡，即可认为：中矿2＝中矿5，则：

原矿 3＋原矿 4＋原矿 5＝(精矿 3＋精矿 4＋精矿 5)＋(尾矿 3＋尾矿 4＋尾矿 5)

下面分别计算产品质量、产率、金属量、品位、回收率等指标。

(1) 质量和产率

每一个单元试验的平均精矿质量为：

$$W_c = \frac{W_{c3} + W_{c4} + W_{c5}}{3} \tag{1-5-4}$$

平均尾矿质量为：

$$W_t = \frac{W_{t3} + W_{t4} + W_{t5}}{3} \tag{1-5-5}$$

平均原矿质量为：

$$W_0 = W_c + W_t \tag{1-5-6}$$

由此分别算出精矿和尾矿的产率为：

$$\gamma_c = \frac{W_c}{W_0} \times 100\% \tag{1-5-7}$$

$$\gamma_t = \frac{W_t}{W_0} \times 100\% \tag{1-5-8}$$

(2) 金属量和品位

品位是相对数值，是加权平均值，故需先计算绝对数值金属量 P，然后再算出品位。

3 个精矿的总金属量为：

$$P_c = P_{c3} + P_{c4} + P_{c5} = W_{c3} \cdot \beta_3 + W_{c4} \cdot \beta_5 + W_{c5} \cdot \beta_5 \tag{1-5-9}$$

精矿的平均品位为：

$$\beta = \frac{P_c}{3W_c} \times 100\% = \frac{W_{c3} \cdot \beta_3 + W_{c4} \cdot \beta_4 + W_{c5} \cdot \beta_5}{W_{c3} + W_{c4} + W_{c5}} \times 100\% \tag{1-5-10}$$

同理，尾矿的平均品位为：

$$\theta = \frac{P_t}{3W_t} \times 100\% = \frac{W_{t3} \cdot \theta_3 + W_{t4} \cdot \theta_4 + W_{t5} \cdot \theta_5}{W_{t3} + W_{t4} + W_{t5}} \times 100\% \tag{1-5-11}$$

原矿的平均品位为：

$$\alpha = \frac{(W_{c3} \cdot \beta_3 + W_{c4} \cdot \beta_4 + W_{c5} \cdot \beta_5) + (W_{t3} \cdot \theta_3 + W_{t4} \cdot \theta_4 + W_{t5} \cdot \theta_5)}{(W_{c3} + W_{c4} + W_{c5}) + (W_{t3} + W_{t4} + W_{t5})} \times 100\% \tag{1-5-12}$$

(3) 回收率

精矿中金属回收率可按下列 3 式中任一公式计算，其结果均相等，即：

$$\varepsilon = \frac{\gamma_c \cdot \beta}{\alpha} \times 100\% \tag{1-5-13}$$

$$\varepsilon = \frac{W_c \cdot \beta}{W_0 \cdot \alpha} \times 100\% \tag{1-5-14}$$

$$\varepsilon = \frac{W_{c3} \cdot \beta_3 + W_{c4} \cdot \beta_4 + W_{c5} \cdot \beta_5}{(W_{c3} \cdot \beta_3 + W_{c4} \cdot \beta_4 + W_{c5} \cdot \beta_5) + (W_{t3} \cdot \theta_3 + W_{t4} \cdot \theta_4 + W_{t5} \cdot \theta_5)} \times 100\% \tag{1-5-15}$$

尾矿中金属的损失率可按差值(即 $1-\varepsilon$)计算。为了检查计算的差错，也可再按金属量校核。

有了平均原矿的指标，必要时，也可算出中矿的指标。计算中矿指标的原始数据为中矿 5的产品质量 W_{m5} 和品位 β_{m5}，要计算的是产率 γ_{m5} 和回收率 ε_{m5}。

$$\gamma_{m5}=\frac{W_{m5}}{W_0}\times 100\% \tag{1-5-16}$$

$$\varepsilon_{m5}=\frac{\gamma_{m5}\cdot\beta_{m5}}{\alpha}\times 100\% \tag{1-5-17}$$

计算中矿指标时，一定要记住中矿 5 只是一个试验的中矿，而不是第三、四、五个试验的“总中矿”。中矿 3 和中矿 4 还是存在的，只不过已在试验过程中用掉了。

三、仪器设备与材料

(1) 0.75 L 单槽浮选机 2 台。

(2) 洗瓶 3 个，容量瓶 2 个，pH 计 1 台，盆若干，水浴锅 1 个，吸耳球 3 个，温度计 3 个，电热板 1 台，烘箱 1 台，锥形球磨机 1 台。

(3) 药剂：油酸钠，碳酸钠。

(4) 一定粒度的赤铁矿矿石 5 kg，500 g/袋。

四、实验步骤

(1) 设计好工艺流程，将所有需要的盆标上号，明确人员分工。

(2) 将 500 g 赤铁矿矿样放入锥形球磨机中，在适宜磨矿浓度下磨矿一定时间，制备出适宜粒度的待选赤铁矿矿浆。

(3) 将待选矿浆加温后放入单槽浮选机中，加适量热水，搅拌 2 min 后，加入 pH 调整剂调节 pH 值，搅拌 3 min 后加入一定用量的油酸钠捕收剂，搅拌 3 min。

(4) 开启充气和刮泡装置进行浮选，浮选一定时间后，关闭充气和刮泡装置，获得粗选精矿和粗选尾矿。

(5) 将粗选精矿加热后转移至另一台单槽浮选机中，加适量热水，添加适量浮选药剂后进行精选，获得精选精矿和精选尾矿。

(6) 将粗选尾矿加入适量热水和浮选药剂后再进行一次扫选，获得一扫精矿和一扫尾矿。一扫精矿备用，一扫尾矿加入浮选药剂后进行二次扫选，获得二扫精矿备用，二扫尾矿加入浮选药剂后进行三次扫选，获得三扫精矿和三扫尾矿备用。

(7) 在粗选浮选机中加入第 2 个原矿矿样，同时加入一次精选的尾矿和一扫精矿，调节 pH 值后进行浮选，获得粗选精矿和粗选尾矿。粗选精矿转移到精选浮选机中进行精矿浮选获得一精精矿和一精尾矿；粗选尾矿加入二次扫选精矿后进行一次扫选，获得一扫精矿和一扫尾矿。一扫尾矿加入三扫精矿后进行二次扫选，获得二扫精矿和二扫尾矿。二扫尾矿进行三次扫选，获得三扫精矿和三扫尾矿。

(8) 重复进行第 3、4、5 个原矿样的浮选试验，将获得的第 3、4、5 个精选精矿和三扫尾矿进行即时化验，分析是否达到数质量平衡。

(9) 将最后一个原矿样获得的各个中矿进行化验，即一精尾矿、一扫精矿、二扫精矿、三扫精矿，记入表 1-5-5 中，计算各产物产率和回收率，绘制数质量流程图。

五、实验结果记录与分析

(1) 将各产物质量和品位数据记入表 1-5-5 中，计算各产物产率和回收率，绘制数质量流程图。

(2) 根据表 1-5-5 的数据,反推计算出浮选工艺流程各产物的产率、品位和回收率,并绘制出浮选工艺数质量流程图,要求达到数量和质量的绝对平衡。

(3) 编写实验报告。

表 1-5-5 赤铁矿闭路浮选试验结果

试样名称: 试样来源: 试样质量: 设备型号:

产物名称	质量/g	产率/%	品位/%	回收率/%
第 3 个原矿样精矿				
第 3 个原矿样尾矿				
第 4 个原矿样精矿				
第 4 个原矿样尾矿				
第 5 个原矿样精矿				
第 6 个原矿样尾矿				
一精尾矿				
一扫精矿				
二扫精矿				
三扫精矿				
原矿				

实验人员: 日期: 指导教师签字:

六、思考题

(1) 怎样分析判断闭路试验已经达到了数质量平衡?

(2) 浮选闭路试验操作中要注意什么问题?

(3) 浮选闭路试验结果计算最终浮选指标的方法有哪些?

(4) 浮选闭路试验的目的是什么?

教学指导

(1) 介绍浮选闭路试验设计的方法和实验目的。

(2) 介绍浮选闭路达到平衡点确定的依据。

(3) 由于本次实验工作量大,提醒同学合理安排时间。

实验 5 含金氧化矿全泥氰化浸出

一、实验目的

掌握实验室氰化浸出方法,掌握氰化浸出实验氰化钠、氧化钙浓度测定方法,掌握金氰化浸出基本原理。

二、基本原理

全泥氰化是以碱金属氰化物 NaCN、KCN 的水溶液做溶剂，浸出金、银矿石中的金、银，然后再从浸出液中提取金、银的一种方法。

在有氧存在的条件下，金、银与氰化物在水中可以生成稳定的络合物离子 $Au(CN)_2^-$、$Ag(CN)_2^-$。金在氰化溶液中溶解过程的化学反应是：

$$4Au+8NaCN+O_2+2H_2O=\!=\!=4NaAu(CN)_2+4NaOH$$

或者分两步进行：

$$2Au+4NaCN+O_2+2H_2O=\!=\!=2NaAu(CN)_2+2NaOH+H_2O_2$$

$$2Au+4NaCN+H_2O_2=\!=\!=2NaAu(CN)_2+2NaOH$$

氰化溶金过程从热力学角度，通过电位与 pH 值关系可以确定理论最佳条件，9.4成为理论最佳 pH 值。工业上一般控制氰化溶液 pH 值在 10～11，以防 HCl 的产生，保持氰化溶液的稳定性。氧的氧化能力在热力学上是足够的，同时生成的过氧化氢可促进金的溶解。因此溶金反应的推动力，取决于氧化剂的还原反应和金溶解反应的电位差。这说明氧在溶金中起着重要作用。

从氰化溶金动力学方面或电化学腐蚀方面看，金在溶液中的溶解速度与在金表面上吸附的 O_2 和 CN^- 浓度有关，溶金最快时 CN^-、O_2 浓度关系为：$[CN^-]/[O_2]=6$，这表明氰化物和氧的浓度是决定金溶解速度的两个主要因素。因此浸出液中氰化物的浓度通常保持在 0.02%～0.15%，同时用石灰做保护碱，控制 pH 值在10～11。为了准确地测定和控制氰化矿浆的碱度，常用酸碱滴定法检测游离 CaO 的浓度，并使之维持在 0.01～0.03。

为了保证矿浆中具有稳定的氰化物和氧化钙浓度，实验中必须对氰化液进行检验测定。

1. 游离氰化物的测定

在碱性介质中，以碘化钾为指示剂，用硝酸银标准液滴定，形成 $Ag(CN)_2^-$ 络合物，过量的银离子与碘化钾生成黄色的碘化银沉淀，即为终点。

$$AgNO_3+2NaCN=\!=\!=NaAg(CN)_2+NaNO_3$$

$$AgNO_3+KI=\!=\!=AgI\downarrow+KNO_3$$

硝酸银标准溶液的制备方法是：称取在 110 ℃干燥的硝酸银 1.734 g 溶于水中，移入 1 L 棕色容量瓶中，用蒸馏水稀释至刻度，摇匀置于暗处。此溶液 1 mL 约对应 1 mL 的 NaCN。

取 10 mL 浸出试液于烧杯中，加 5%碘化钾溶液 5 滴，用硝酸银标准溶液滴定至黄色混浊出现为终点。滴定所消耗的硝酸银标准溶液的毫升数乘以 0.01%即为试液中 NaCN 的百分比浓度，或毫升数乘以 1/10 000 即为 NaCN 的万分浓度。

2. 保护碱的测定

试液的碱性主要来源于游离氰化物和石灰 CaO，所谓保护碱是指游离氧化钙的含量。因此，测定时应先用硝酸银将游离氰化物的碱抵消，然后用酚酞作指示剂，以草酸滴定氧化钙：

$$AgNO_3+2NaCN=\!=\!=NaAg(CN)_2+NaNO_3$$

$$H_2C_2O_4\cdot 2H_2O+CaO=\!=\!=CaC_2O_4+3H_2O$$

草酸标准溶液的制备方法是：称取 2.241 g 草酸，溶于经煮沸后冷却的蒸馏水中，再移入1 L容量瓶中，并用水稀释至刻度，摇匀。此溶液 1 mL 约对应于 1 mg CaO。

分析方法：将前面滴定完氰化物的试液加入 1% 酚酞指示剂 2～3 滴，用草酸标准溶液滴定至红色消失即为终点。消耗的草酸标准溶液的毫升数乘以 0.01%即为试液中 CaO 的百分浓度，或毫升数乘以 1/10 000 即为 CaO 万分浓度。

三、仪器设备及材料

(1) XJT-80 型浸出搅拌机 1 台。

(2) 球磨机 1 台。

(3) pH 计 1 台，滴定管 1 套，500 mL 量筒 1 个，50 mL 注射器 1 个，10 mL 移液管 1 个，150 mL 烧杯 2 个，洗瓶 1 个，吸耳球 1 个，乳胶手套若干。

(4) 试剂：氰化钠、氰化钙、硝酸银、草酸、碘化钾、酚酞。

(5) 物料：500 g 粒度为 −1 mm 的含金氧化矿。

四、实验步骤

(1) 检查球磨机、浸出搅拌槽运转是否正常，并清洗干净。

(2) 配制好 NaCN 浓度为 5% 的溶液 200 mL，称好按流程要求计算出的所需 CaO 用量。

(3) 将制备好的草酸、硝酸银标准溶液分别用指定小烧杯置入滴定管中以备滴定用。

(4) 称取粒度 −1 mm 具有代表性的含金原矿样 500 g，以磨矿浓度为 65%，在球磨机中磨矿 15 min，矿浆倒出后用于浸出。

(5) 将矿浆置入浸出槽，待矿浆沉降后用注射器吸出多余的清水，使液面控制在所要求的矿浆浓度刻度(35%)。

(6) 升起浸出槽立轴，将浸出槽置于轴下，再降下立轴，关紧立轴，开动电机使叶轮旋转形成漩涡，空气则被吸入漩涡中，使矿浆中溶解一定量的空气。

(7) 加药顺序为先加调整剂 CaO 搅拌 2 min 后再加 NaCN。浸出 10 min、120 min 分别检测游离 NaCN、CaO 浓度以及矿浆 pH 值，并记录下来。浸出终了时再检测一次药剂浓度、pH 值。

(8) 浸出终了后将浸出液吸出，进行 3 次洗涤，浸出渣烘干、取样、化验。

(9) 实验结束后，整理仪器及实验场所。

氰化浸出的流程如图 1-5-8 所示。

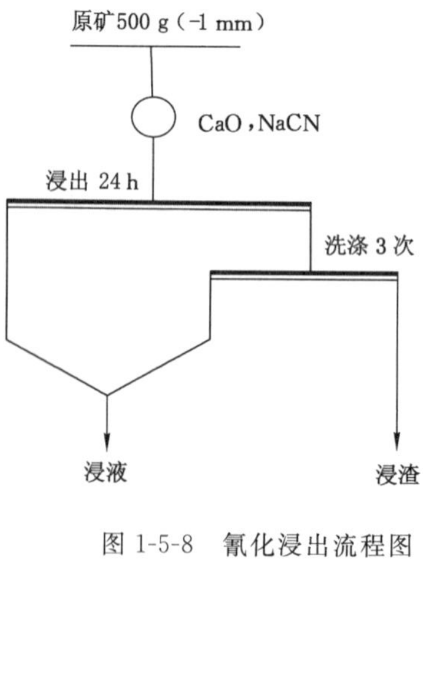

图 1-5-8　氰化浸出流程图

五、实验结果记录与分析

(1) 氰化浸出 10 min、120 min 和 24 h 后检测游离 NaCN、CaO 浓度以及矿浆 pH 值，记入表 1-5-6 中。

(2) 根据原矿及渣的化验品位计算浸出率，并将其他数据填入表 1-5-7 中。

(3) 对获得的数据进行分析，找出适宜的药剂用量、浸出时间和 CaO 用量等，以及适宜实验条件下可以获得的最佳指标。

表 1-5-6　浸出过程溶液中残留 NaCN、CaO 浓度和 pH 值

试样名称：　　　　试样来源：　　　　试样质量：　　　　设备型号：

项目	浸出时间		
	10 min	120 min	24 h
CaO 浓度/%			
NaCN 浓度/%			
pH 值			

实验人员：　　　　日期：　　　　指导教师签字：

表 1-5-7　氰化物用量与浸出率的关系

NaCN 浓度/%	NaCN 用量/(kg/t)	原矿 Au 品位/(g/t)	浸渣 Au 品位/(g/t)	Au 浸出率/%

六、思考题

(1) 浸出过程中测定 NaCN、CaO 浓度以及矿浆 pH 值有何意义？

(2) 黄金氰化浸出的原理是什么？

(3) 黄金选矿工艺方法有哪些？适宜氰化的金矿石具有哪些特点？

教学指导

(1) 介绍化学选矿的现状及应用。

(2) 介绍金矿的选矿工艺方法。

(3) 介绍黄金氰化的基本原理。

(4) 强调本实验的安全性问题，特别注意在接触氰化物试剂以及浸出液时必须戴乳胶手套，按照要求操作。

第二篇　专业综合实验

实验1　粗煤泥分选实验

一、实验目的

(1) 了解粗煤泥的煤质资料信息，包括粗煤泥的密度组成、灰分、水分等。

(2) 通过粗煤泥分选工艺研究，提出与粗煤泥性质相适应的分选工艺流程、工艺参数和技术指标。

二、实验内容

(1) 样品的制备

从原煤样品中取样，利用实验室破碎、筛分设备，制备出0.3～3 mm的粗煤泥，并装样品袋备用。

(2) 粗煤泥煤质资料分析

化验粗煤泥的水分和灰分，对所制备样品进行浮沉实验，并对不同密度级别的粗煤泥化验灰分，绘制可选性曲线。

(3) 选煤工艺流程选择

通过对煤质资料的研究，选择一种以上的粗煤泥分选方法，分别进行单元实验，比较不同选煤方法的分选效果差异，确定最佳分选方法。

(4) 工艺参数优化

利用所选择的分选方法，进行条件实验，确定最佳分选条件，设计粗煤泥分选工艺流程，并根据分析化验给出相应的分选指标。

实验2　磁铁矿矿石分选实验

一、实验目的

(1) 查明矿石的基本性质，主要包括矿石的化学成分、矿物组成和铁的物相组成。

(2) 通过选矿工艺研究，提出与磁铁矿矿石性质相适应的选矿工艺流程、工艺参数和技术指标。

(3) 学会磁铁矿矿石分选的工艺流程设计。

二、实验内容

(1) 样品的制备

根据后续专业实验的要求，利用实验室破碎设备制备出－3 mm的铁矿石样品，并装样品袋备用。

(2) 原矿矿石性质研究

查明矿石的主要化学成分、主要矿物组成、铁的物相组成等，为矿石质量的评价和选矿工艺的拟定提供基础资料。

(3) 选矿工艺研究

磁铁矿分选一般采用单一磁选工艺，原则工艺流程为：破碎—预选—阶段磨矿阶段选别。首先进行矿石的预选，提出适宜的预选工艺方法、工艺参数和工艺指标；其次开展磨矿磁选实验，提出不同磨矿细度和磁场强度对选矿指标的影响规律，推荐磨矿磁选工艺流程、工艺参数和工艺指标。

实验 3 赤铁矿矿石分选实验

一、实验目的

(1) 查明矿石的基本性质，主要包括矿石的化学成分、矿物组成和铁的物相组成。

(2) 通过选矿工艺研究，提出与赤铁矿矿石性质相适应的选矿工艺流程、工艺参数和技术指标。

(3) 学会赤铁矿矿石分选的工艺流程设计。

二、实验内容

(1) 样品的制备

根据后续专业实验的要求，利用实验室破碎设备制备出－3 mm 的铁矿石样品，并装样品袋备用。

(2) 原矿矿石性质研究

查明矿石的主要化学成分、主要矿物组成、铁的物相组成等，为选矿工艺的选择和优化提供理论依据。

(3) 选矿工艺研究

赤铁矿磁性较弱，相对于磁铁矿而言更加难以分选，多采用“阶段磨矿—(重选)—弱磁—强磁—反浮选工艺”。通过选矿工艺参数的优化研究，确定适宜的磨矿细度、弱磁场强度、强磁场强度、选矿药剂种类及用量等工艺参数。主要内容包括：最佳磨矿细度研究、磁场强度研究、浮选药剂制度研究（包括捕收剂、起泡剂、调整剂的种类和用量对赤铁矿分选指标的影响，确定适宜的药剂种类和药剂用量）。通过流程结构的优化研究，确定磨矿、弱磁选、强磁选、粗选、精选、扫选段数及各段浮选时间，提出满足选矿指标要求的具体流程结构，最后通过闭路流程实验确定适宜的选矿技术指标。

实验 4 铜矿石分选实验

一、实验目的

(1) 查明矿石的基本性质，主要包括矿石的化学成分、矿物组成等。

(2) 通过选矿工艺研究，提出与铜矿石性质相适应的选矿工艺流程、工艺参数和技术指标。

(3) 学会铜矿石分选的工艺流程设计。

二、实验内容

(1) 样品的制备

根据后续专业实验的要求，利用实验室破碎设备制备出－3 mm 的铜矿石样品，并装样品袋备用。

(2) 矿石性质分析

查明矿石的化学成分和矿物组成，铜元素的赋存状态、铜矿物的嵌布特性等，为选矿工艺的选择和优化提供理论依据。

(3) 选矿工艺参数的确定

铜矿石的分选一般采用“磨矿—浮选(粗选、精选、扫选)工艺”。铜矿石根据铜元素赋存状态的不同，一般分为氧化铜矿、硫化铜矿和黄铜矿。铜矿物种类不同，所选择的浮选药剂制度不同，通过选矿工艺参数的优化研究，确定适宜的磨矿细度、选矿药剂种类及用量等工艺参数。主要内容包括：最佳磨矿细度研究、浮选药剂制度研究(包括捕收剂、起泡剂、调整剂的种类和用量对铜分选指标的影响，确定适宜的药剂种类和药剂用量)。

(4) 选矿流程结构的确定

通过流程结构的优化研究，确定粗选、精选、扫选段数及各段浮选时间，提出满足选矿指标要求的具体流程结构，最后通过闭路流程实验确定适宜的选矿技术指标。

实验5　金矿石分选实验

一、实验目的

(1) 查明矿石的基本性质，主要包括矿石的化学成分、矿物组成、金元素的赋存状态等。

(2) 通过选矿工艺研究，提出与金矿石性质相适应的选矿工艺流程、工艺参数和技术指标。

(3) 学会金矿石分选的工艺流程设计。

二、实验内容

(1) 样品的制备

根据后续专业实验的要求，利用实验室破碎设备制备出－3 mm的金矿石样品，并装样品袋备用。

(2) 矿石性质分析

查明矿石的化学成分和矿物组成，金元素的赋存状态、嵌布特性等，为选矿工艺的选择和优化提供理论依据。

(3) 选矿工艺参数的确定

金矿石中金多以细微粒形式存在，因颗粒细小，大多被金属硫化物、氧化物和硅酸盐等成分包裹，因此实际在分选过程中是分选含有金的矿物，一般采用“磨矿—浮选(粗选、精选、扫选)工艺”，根据矿物种类不同选择不同的浮选药剂制度。通过选矿工艺参数的优化研究，确定适宜的磨矿细度、选矿药剂种类及用量等工艺参数。主要内容包括：最佳磨矿细度研究、浮选药剂制度研究(包括捕收剂、起泡剂、调整剂的种类和用量对金分选指标的影响，确定适宜的药剂种类和药剂用量等)。

(4) 选矿流程结构的确定

通过流程结构的优化研究，确定粗选、精选、扫选段数及各段浮选时间，提出满足选矿指标要求的具体流程结构，最后通过闭路流程实验确定适宜的选矿技术指标。

实验6 钛砂矿矿石分选实验

一、实验目的

（1）查明矿石的基本性质，主要包括矿石的化学成分、矿物组成、钛元素的赋存状态等。

（2）通过选矿工艺研究，提出与钛砂矿矿石性质相适应的选矿工艺流程、工艺参数和技术指标。

（3）学会钛砂矿矿石分选的工艺流程设计。

二、实验内容

（1）样品的制备

根据后续专业实验的要求，利用实验室破碎设备制备出－3 mm 的钛砂矿矿石样品，并装样品袋备用。

（2）矿石性质分析

查明矿石的化学成分和矿物组成，钛元素的赋存状态、嵌布特性等，为选矿工艺的选择和优化提供理论依据。

（3）选矿工艺研究

钛砂矿矿石按照所含矿物种类分为金红石型砂矿和钛铁矿型砂矿，其中金红石型砂矿的分选工艺一般为全浮选工艺，钛铁矿型砂矿的适宜分选工艺为“磨矿—重选—强磁选—浮选”。通过选矿工艺参数的优化研究，确定适宜的磨矿细度、强磁场强度、选矿药剂种类及用量等工艺参数。主要内容包括：最佳磨矿细度研究、磁场强度研究、浮选药剂制度研究（包括捕收剂、起泡剂、调整剂的种类和用量对钛砂矿矿石分选指标的影响，确定适宜的药剂种类和药剂用量）。通过流程结构的优化研究，确定磨矿、强磁选、粗选、精选、扫选段数及各段浮选时间，提出满足选矿指标要求的具体流程结构，最后通过闭路流程实验确定适宜的选矿技术指标。

实验7 萤石分选实验

一、实验目的

（1）查明矿石的基本性质，主要包括矿石的化学成分、矿物组成。

（2）通过选矿工艺研究，提出与萤石矿石性质相适应的选矿工艺流程、工艺参数和技术指标。

（3）学会萤石矿石分选的工艺流程设计。

二、实验内容

（1）样品的制备

根据后续专业实验的要求，利用实验室破碎设备制备出－3 mm 的萤石矿石样品，并装样品袋备用。

（2）矿石性质分析

查明萤石矿石的化学成分、矿物组成及萤石矿物的嵌布特性等，为选矿工艺的选择和优化提供理论依据。

（3）选矿工艺参数的确定

萤石分选一般采用浮选工艺，通过选矿工艺参数的优化研究，确定适宜的磨矿细度、选矿药剂种类及用量等工艺参数。主要内容包括：最佳磨矿细度研究、浮选药剂制度研究（包括捕收剂、起泡剂、调整剂的种类和用量对萤石分选指标的影响，确定适宜的药剂种类和药剂用量）。

（4）选矿流程结构的确定

通过流程结构的优化研究，确定粗选、精选、扫选段数及各段浮选时间，提出满足选矿指标要求的具体流程结构，最后通过闭路流程实验确定适宜的选矿技术指标。

实验8　石墨分选实验

一、实验目的

（1）查明矿石的基本性质，主要包括矿石的化学成分、矿物组成。

（2）通过选矿工艺研究，提出与石墨性质相适应的选矿工艺流程、工艺参数和技术指标。

（3）学会石墨分选的工艺流程设计。

二、实验内容

（1）样品的制备

根据后续专业实验的要求，利用实验室破碎设备制备出−3 mm的石墨样品，并装样品袋备用。

（2）矿石性质分析

查明矿石的化学成分、矿物组成等，为选矿工艺的选择和优化提供理论依据。

（3）选矿工艺参数的确定

石墨的分选一般采用多段磨矿、多段浮选工艺，通过选矿工艺参数的优化研究，确定适宜的磨矿细度、选矿药剂种类及用量等工艺参数。主要内容包括：最佳磨矿细度研究、浮选药剂制度研究（包括捕收剂、起泡剂、调整剂的种类和用量对石墨分选指标的影响，确定适宜的药剂种类和药剂用量）。

（4）选矿流程结构的确定

通过流程结构的优化研究，确定粗选、精选、扫选段数及各段浮选时间，提出满足选矿指标要求的具体流程结构，最后通过闭路流程实验确定适宜的选矿技术指标。

第三篇　物料性能及指标分析检测实验

实验1　粉体物料密度、安息角、崩溃角的测定

一、实验目的

学习利用BT-1000型粉体综合性能测试仪测定粉体物料的松装密度、振实密度、安息角、崩溃角的测定方法；学会物料表观密度的测定方法。

二、基本原理

BT-1000型粉体特性测试仪测试项目包括粉体的振实密度、松装密度、安息角、崩溃角等项目。其特点是一机多用、操作简便、重复性好、测定条件容易改变、配套完整等。

(1) 振实密度

振实密度是指粉体装填在特定容器后，对容器进行振动，从而破坏粉体中的空隙，使粉体处于紧密填充状态后的密度。通过测量振实密度可以知道粉体的流动性和空隙率等数据。(注：金属粉等特殊粉体的振实密度按相应的标准执行)

(2) 松装密度

松装密度是指粉体在特定容器中处于自然充满状态后的密度。该指标对存储容器和包装袋的设计很重要。(注：金属粉等特殊粉体的松装密度按相应的标准执行)

(3) 安息角

粉体堆积层的自由表面在静平衡状态下，与水平面形成的最大角度叫作安息角。它是通过特定方式使粉体自然下落到特定平台上形成的。安息角对分体的流动性影响最大，安息角越小，粉体的流动性越好。安息角也称休止角、自然坡度角等。

(4) 崩溃角

给测量安息角的堆积粉体以一定的冲击，使其表面崩溃后形成的圆锥体的底角称为崩溃角。

(5) 表观密度

采用比重瓶法，基于阿基米德原理。将待测粉末浸入对其润湿而不溶解的浸液中，排除气泡，求出粉末样品排出已知密度的液体的体积，就可计算所测粉体的表观密度。

三、仪器设备与材料

(1) BT-1000型粉体综合性能测试仪1台(图3-1)。

(2) 比重瓶(250 mL)3个。

(3) 塑料洗瓶，玻璃烧杯(500 mL)3个，电炉1个。

(4) 粒度小于0.5 mm的矿石样品，蒸馏水。

四、实验步骤

1. 松装密度测定

(1) 将透明套筒与密度容器卡口对正后，右旋拧紧为接好状态。

(2) 将减震器、接料盘、通用松装密度垫环、密度容器、出料口漏斗安装好(如果粉体的流动性不好可以不安装出料口漏斗)。打开振动筛开关，在振动筛上加料，使样品通过筛网、出料口散落到密度容器中。

(3) 当粉体充满密度容器后即可停止加料，关闭振动筛，取出密度容器，用刮板将多余的料刮出，并用毛刷将外面的粉扫除干净，用天平称量容器与粉体的总质量。

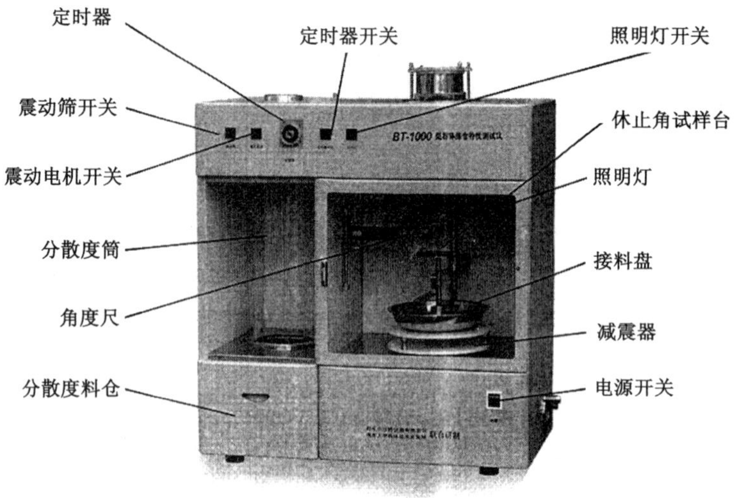

图 3-1　BT-1000 型粉体综合性能测试仪

(4) 连续实验 3 次，设 3 次的平均总质量为 G，密度容器的质量为 G_1(该质量应事先称量好)，用下式计算松装密度 ρ_a：

$$\rho_a = \frac{G - G_1}{100} \tag{3-1}$$

2. 振实密度测定

(1) 将振实密度用升降顶棒和密度容器组件安装好，打开振动筛开关，在振动筛上加料，使样品通过筛网、出料口、透明套筒充满密度容器，如果试样过筛困难，可用料铲直接装入。

(2) 当试样高度达到透明套筒中央时即可停止加料，关闭振动筛，将定时器调整到 6 min位置，打开振动电机开关，连续振动，待振动自动停止后再重新启动振动电机，在振动过程中观察透明套筒中的粉体表面，如果粉体表面还在下降，就要继续振动下去，直到粉体表面不再下降后停止振动，取出透明套筒，用刮刀刮平，并用毛刷将容器外面的粉体轻轻扫除干净，用天平称量容器与粉体的总质量。

(3) 对于同一个样品，每次的振动时间和次数要相同，即记录好第一次测试时的振动时间或次数，以后测试时就不必观察粉体表面的下降情况了。

(4) 连续测试 3 次，设 3 次的平均总质量为 G_2，密度容器的质量为 G_1(该质量应事先称量好)，用下式计算振实密度 ρ_b：

$$\rho_b = \frac{G_2 - G_1}{100} \tag{3-2}$$

3. 安息角、崩溃角的测定

打开仪器门，放好减振器及专用盘，再将安息角、崩溃角试样台放到专用接料盘中，装好出料口套筒，然后将 75 mm 的筛子固定在振动架上，打开筛盖。将定时器调整到合适的时间(1～6 min)，用小勺将粉料加到筛子上，开启振动筛，连续加样使试样落下。调整试样添加量，必要时可以旋转一下接料盘，使物料在安息角、崩溃角试样台上形成圆锥形料堆。将测量角器置于试样托盘左侧并靠近料堆，使量角器与圆锥料堆母线平齐，测定安息角。轻轻旋转安息角试样台下面的专用盘，从三个不同角度测定安息角，取其平均值。将安息角、崩溃角试样台中轴上的重锤捏住提起，再松手使其自然下落。往复5次，测定3个不同位置的安息角，取其平均值即为崩溃角。

4. 表观密度的测定

(1) 将比重瓶(体积 V，单位 mL，一般采用 250 mL 的容量瓶)洗净，放入烘箱中于 110 ℃下烘干，然后用夹子小心地将比重瓶夹住，快速地放入干燥器中冷却，称比重瓶的质量 m_0。

(2) 向已干燥的比重瓶内装入约为比重瓶容量 2/3 的粉体试样，精确称量比重瓶和试样的总质量 m_1。

(3) 将煮沸 5 min 以上的蒸馏水(脱除蒸馏水中的气泡)加入比重瓶中的刻度线位置，盖上塞子晃动，排除气泡，直至粉体与蒸馏水充分接触混匀。

(4) 静置 12 h，待冷却至室温后，定容至刻度线，精确称量比重瓶、试样和水的总质量 m_2。

(5) 重复以上过程，做3组平行实验，取平均值作为最终结果。

粉体物料表观密度的计算公式：

$$\rho = \frac{m_1 - m_0}{V - \dfrac{m_2 - m_1}{\rho_{水}}} \tag{3-3}$$

(6) 实验结束后，关闭设备及总电源，整理仪器及实验场所。

五、实验结果记录与分析

(1) 将实验数据记录于表 3-1～表 3-4 中。

(2) 根据记录数据计算松装密度、振实密度和表观密度。

(3) 编制实验报告。

表 3-1　安息角及崩溃角测定实验记录表

试样名称：　　　　　　　　试样来源：　　　　　　　　试样粒度：

安息角/(°)		崩溃角/(°)		差角/(°)
1 次实验	平均值	2 次实验	平均值	

实验人员：　　　　　　　　日期：　　　　　　指导教师签字：

表 3-2　松装密度测定实验记录表

试样名称：　　　　　　　　试样来源：　　　　　　　　试样粒度：

密度容器质量 G_1/g	总质量/g	平均总质量 G/g	振实密度 ρ_a/(g/cm^3)

实验人员：　　　　　　　　日期：　　　　　　指导教师签字：

表 3-3　振实密度测定实验记录表

试样名称：　　　　　　　　　　　　试样来源：　　　　　　　　试样粒度：

密度容器质量 G_1/g	总质量/g	平均总质量 G_2/g	振实密度 ρ_b/(g/cm³)

实验人员：　　　　　　　　　　　　日期：　　　　指导教师签字：

表 3-4　表观密度测定实验记录表

试样名称：　　　　　　　　　　　　试样来源：　　　　　　　　试样粒度：

序号	体积 V/mL	m_0/g	m_1/g	m_2/g	表观密度/(g/cm³)	平均密度/(g/cm³)
1						
2						
3						

实验人员：　　　　　　　　　　　　日期：　　　　指导教师签字：

六、思考题

(1) 分析和比较所测粉体的振实密度、松装密度、表观密度之间的区别。

(2) 粉体物料不同特性的测定在选矿过程中有何意义？

(3) 大块物料的表观密度应该如何测定？

教学指导

(1) 介绍粉体综合性能测试仪的用途和使用方法。

(2) 重点介绍粉体物料的松装密度、振实密度、表观密度、安息角和崩溃角的含义。

实验 2　粉体白度测定

一、实验目的

掌握粉体白度的概念及含义；学会粉体白度的测定方法。

二、基本原理

白度是表征物体色白的程度，用符号 W 或 W_{10} 表示。白度值越大，表示白的程度越高。《白度的表示方法》(GB/T 17749—2008)规定光谱反射比均为 1 的理想完全反射漫射体的白度是 100。粉体的白度可由专门测量白度的白度仪测得。

白度测定仪用于测量物体表面的蓝光白度，它利用测光积分球实现绝对光谱漫反射率的测量。其光电原理为：由白度仪的卤钨灯发出光线，经聚光镜和滤色片形成蓝紫色光线，进入积分球的光线在积分球内壁漫反射后，照射在测试口的试样上，试样反射的光线由硅光电池接收，并转换成电信号。另有一路硅光电池接收球体内的基底信号，两路电信号分别放大，经混合处理后得到测定结果。

白度仪的种类很多，适用的场合各不相同。测量粉体的白度时，要注意白度仪的选择，要求所使用的白度仪：一要适合粉体白度的测量，二要测量精度和测量程序符合国家的相关标准。图 3-2 是适用于粉体测量的白度仪。

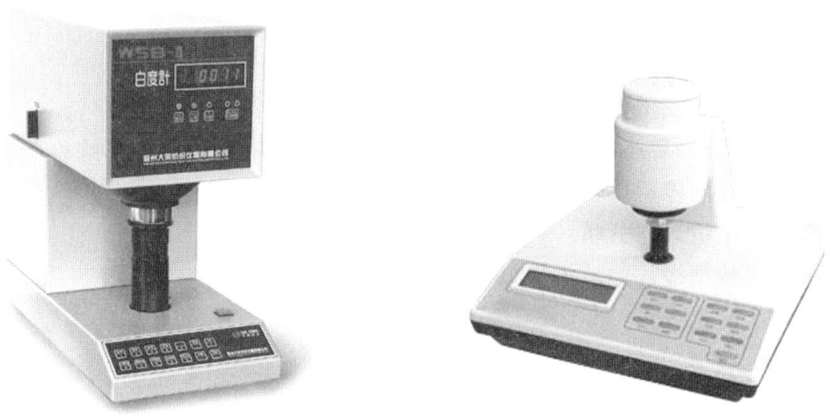

图 3-2　粉体白度测定仪

三、仪器设备与材料

(1) 白度仪 1 台。

(2) 制样器(粉末成型器)1 个。

(3) 白色粉末状物料 100 g 左右。

四、实验步骤

1. 操作准备

(1) 检查仪器电源连接及电压是否正常。

(2) 用酒精棉将仪器的试样座与测量口擦拭干净，以免沾污白板及测试样品。

2. 操作顺序

(1) 预热：接通电源，开启仪器的电源开关，使白度仪预热 15～30 min。

(2) 安置滤光插件：将 1 号滤光器插件插到 1 号光道孔，2 号滤光器插件插到 2 号光道孔，面板上显示“R457”。

(3) 校零：用左手按下“滑筒”，用右手将“黑筒”放在试样座上，将滑筒升至测量口，按键盘上的[校零]键，显示屏即显示“0 0.0”，再按[回车]键，显示“0 0.0”校零完毕。

(4) 将工作标准白板的标称值输入仪器。

(5) 校准：按下仪器的“滑筒”，取出“黑筒”，换上工作标准白板，把工作标准白板升至测量口，按[校准]键，显示“Jxx. x”，再按[回车]键，显示屏显示“Jxx. x”值，校准完毕。

(6) 将待测粉末放入样品盒，并用粉末成型器将其制成要求的测试样。

(7) 测试样品：按下“滑筒”，取出工作标准白板，将样品放在试样座上，把滑筒升至测量口，按[工作]键，显示屏上即显示出该试样的白度值。

(8) 每一样品重复测量 3 次，然后取其平均值作为最终结果。

(9) 关机：样品测试完毕，切断仪器电源，将仪器套上防尘罩。

3. 注意事项

(1) 白度仪应放置在干燥、无振动、无强电磁场干扰、无强电流干扰、无灰尘的室内环境中。

(2) 白度仪存放处不得有酸、碱等腐蚀气体积存。

(3) 仪器接地应良好,电源电压必须符合工作条件。

(4) 仪器四周应留有足够的散热空间。

(5) 不可使黑筒及工作白板受到污染,以免影响检验结果准确度。

(6) 检验操作时,要小心缓慢升降滑筒,避免样品进入测量口内,影响检验结果的准确。

(7) 仪器长时间停用后,应相应延长预热时间,以提高稳定性。

五、实验结果记录与分析

(1) 将实验数据按规定填入表 3-5 中。

(2) 编写实验报告。

表 3-5　物料白度测定结果

试样名称:　　　　试样来源:　　　　试样质量:　　　　试样粒度:

测量次数	第一次测量	第二次测量	第三次测量	测量平均值
白度/%				

实验人员:　　　　日期:　　　　指导教师签字:

六、思考题

(1) 粉体白度的测定有何意义?

(2) 举例说明哪些粉体材料需要经常测定其白度。

(3) 测定粉末的白度时粉末的粒度对测量结果有何影响?

教学指导

(1) 介绍粉体白度研究的意义和含义。

(2) 重点介绍粉体白度的测量原理和操作方法。

实验 3　悬浮液絮凝沉降特性测定

一、实验目的

了解悬浮液絮凝沉降特性研究的目的以及对选矿(煤)厂生产的意义;掌握悬浮液沉降特性实验基本操作方法;了解实验用絮凝剂的性质和作用机理;学习絮凝剂的配制过程和方法。

二、基本原理

悬浮液中的细小固体颗粒表面带有电荷,由于排斥作用而分散。采用无机电解质凝聚剂可以抵消颗粒表面的电荷,然后靠颗粒间的吸附作用聚团。而有机絮凝剂主要通过高分子活性基团的架桥作用使颗粒形成絮团,两者的配合使用往往效果更佳。

加入药剂后，随着絮团的增大，沉降速度加快，沉降过程中出现明显的澄清界面，如图 3-3所示。由澄清界面的下降速度可绘出沉降时间与澄清界面下降距离的曲线——沉降曲线，如图 3-4 所示。

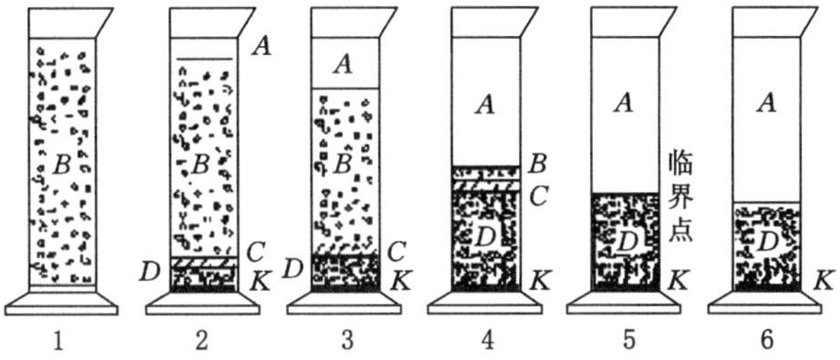

图 3-3　矿浆沉降过程中的分区现象

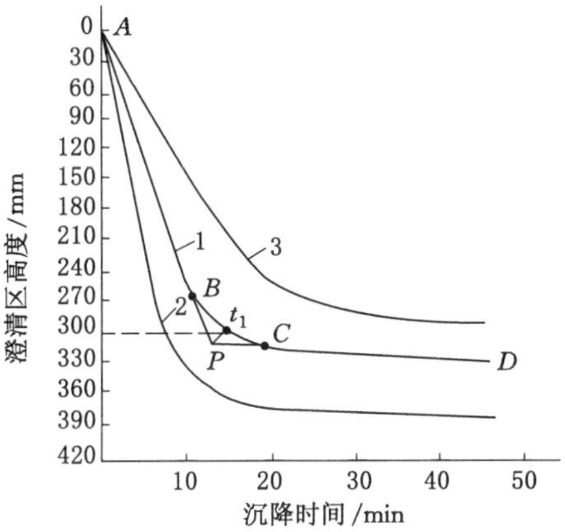

图 3-4　煤泥水沉降曲线

澄清界面的初始沉降速度可用下式计算：

$$v=\frac{M\sum_{i=A}^{B}(t_iH_i)-(\sum_{i=A}^{B}t_i)(\sum_{i=A}^{B}H_i)}{M\sum_{i=A}^{B}t_i^2-(\sum_{i=A}^{B}t_i)^2} \tag{3-4}$$

式中　v——澄清界面的初始沉降速度，mm/s；

t_i——某一时刻($i=0,1,2,\cdots,n$)，s；

H_i——对应于 t_i的澄清界面累计下降距离，mm；

A——直线段起始端型值点顺序号(一般 $A=1$)；

B——直线段末端型值点顺序号；

M——直线段 A 到 B 的型值点的累计个数，$M=B-A+1$。

三、仪器设备及材料

(1) 带橡胶塞的磨口圆柱量筒 5 个，容量为 500 mL。

(2) 烧杯与锥形瓶各 5 个，容量分别为 500 mL 和 250 mL。

(3) 磁力搅拌器 2 台，调速范围 250～1 000 r/min。

(4) 直管吸管 5 根,容量 20 mL。

(5) 大肚吸管 5 根,容量 20 mL 和 50 mL。

(6) 60×30 规格称量瓶 1 个,吸耳球 1 个。

(7) 注射器,容量 1 mL、5 mL、20 mL 各 1 个。

(8) 蛇形日光灯管 1 根。

(9) 粉状聚丙烯酰胺。

(10) −0.5 mm 浮选尾煤煤样 500 g 或其他尾矿悬浮液 5 L。

四、实验步骤

1. 配制 0.1%聚丙烯酰胺 100 mL

用牛角勺以最少的次数将絮凝剂装进已知质量的洁净而又干燥的称量瓶中,称取 0.25 g,称量时要求准确到 0.001 g,同时按 0.1%的溶液浓度求出所需稀释水的体积 V_p:

$$V_p = \frac{G(c - c_p)}{\rho \cdot c_p} \tag{3-5}$$

式中 V_p——添加水量,mL;

G——称重的絮凝剂的质量,g;

c——絮凝剂的纯度(以小数表示),%;

c_p——所配制的絮凝剂水溶液浓度,%;

ρ——添加水的密度,ρ=1 kg/L。

用量筒量取所求出的稀释水水量(温度不得高于 50 ℃,否则絮凝剂有机碳链会被打断),注入 500 mL 烧杯中,再将烧杯置于磁力搅拌器上,放入搅拌磁棒,开启磁力搅拌器,调整转速使液体产生强烈涡流,再将称好的絮凝剂均匀分散地撒在涡流面上,待絮凝剂全部撒完后,将磁力搅拌器转速调至 300～400 r/min,搅拌 2 h,使絮凝颗粒完全溶解。若搅拌完毕后仍有未溶解的团聚颗粒,此溶液作废,需重新配制。

2. 沉降实验

(1) 用普通坐标纸制成纸带,黏附于 500 mL 量筒壁上,以液面为原点,单位为 mm,方向向下建立纵坐标系。

(2) 称取试样 40 g 待用。

(3) 将称好的煤样缓慢倒入 500 mL 量筒中,并注入少量清水进行润湿,上下倒置,直至煤泥全部润湿并分散在水中。

(4) 将蛇形日光灯管扭成垂直状,开启开关,放置在量筒附近,以观察量筒澄清界面的形成和下降情况。

(5) 根据药剂单元耗量 0.8 g/m^3,1.2 g/m^3,1.6 g/m^3,2.4 g/m^3,3.2 g/m^3,4.0 g/m^3 计算,对应的絮凝剂用量为 0.4 mL,0.6 mL,0.8 mL,1.2 mL,1.6 mL,2.0 mL,分别用注射器吸取相应絮凝剂溶液用量,一次性加入量筒中,盖紧橡胶塞。

(6) 将量筒上下翻转 5 次,转速以每次翻转时气泡上升完毕为止。平行实验中翻转次数、力度和时间应基本一致。

(7) 当翻转结束后,迅速将量筒立于日光灯管前,并立即开始计时。澄清界面每下降 0.5～1 cm,记录一次沉降时间。开始时沉降速度较快,以 1 cm 为记录间隔,待澄清界面接近压缩区时,再以 0.5 cm 为记录间隔,直至沉淀物的压缩体积不发生明显变化为止。注意:

在沉降最后阶段，沉降速度特别慢，一定要继续记录时间和距离，否则水平线段无法绘制。在记录沉降时间时，应由 1 人读沉降高度，1 人同时读时间，另外 1 人负责记录数据。

(8) 实验结束后，整理仪器及实验场所。

五、实验结果记录与分析

(1) 将实验数据填入表 3-6 中。

(2) 以澄清液面下降距离为纵坐标，沉降时间为横坐标绘制沉降曲线。

(3) 在沉降曲线上，沉降起始点至压缩状态出现之前的线段内，以直线段部分的斜率作为沉降速度值，也可采用公式计算。

(4) 两次平行实验的相对误差不超过 8%，以算术平均值作为实验基础数据。

(5) 计算初始沉降速度。

(6) 编写实验报告。

表 3-6　悬浊液絮凝沉降实验结果表

悬浮液来源：　　絮凝剂名称：　　悬浮液浓度：

絮凝剂相对分子质量：　　絮凝剂类型：　　絮凝剂溶液浓度：

取样日期：　　实验日期：　　配制日期：

序号	絮凝剂用量/(g/m³)							
	时间/s	距离/mm	时间/s	距离/mm	时间/s	距离/mm	时间/s	距离/mm
1								
2								
3								
4								
5								
6								
7								
8								
9								
10								
初始沉降速度/(cm/min)								
平均初始沉降速度/(cm/min)								
上澄清液质量浓度/(g/L)								
沉积物高度/cm								

实验人员：　　日期：　　指导教师签字：

六、思考题

(1) 在此实验中，如果悬浮液中细泥含量较高，沉降后的澄清水会出现什么现象？如果要使澄清水变清，可以采用什么方法？

(2) 高分子絮凝剂的作用机理是什么？絮凝剂的分子量对药剂性能有何影响？

(3) 讨论絮凝和凝聚的差异。

（4）絮凝沉降实验结果有什么工业意义？

教学指导

（1）引导学生探讨凝聚与絮凝过程的作用机理。

（2）引导学生举例说明凝聚及絮凝原理的实际应用。

实验4　矿石的物相分析实验(X射线衍射分析法)

一、实验目的

了解X射线衍射的基本原理以及粉末X射线衍射测试的基本目的，掌握X射线衍射仪的基本结构和操作步骤，掌握X射线衍射分析的样品制备方法，学会用Jade软件进行物相分析的方法，了解X射线辐射及其防护方法。

二、基本原理

X射线是电磁波，入射晶体时基于晶体结构的周期性，晶体中各个电子的散射波可相互干涉。散射波周相一致相互加强的方向称衍射方向。衍射方向取决于晶体的周期或晶胞的大小，衍射强度是由晶胞中各个原子及其位置决定的。由倒易点阵概念导入X射线衍射理论，倒易点落在Ewld球上是产生衍射的必要条件。

1912年劳埃等人根据理论预见，并用实验证实了X射线与晶体相遇时能发生衍射现象，证明了X射线具有电磁波的性质，成为X射线衍射学的第一个里程碑。当一束单色X射线入射到晶体时，由于晶体是由原子规则排列成的晶胞组成，这些规则排列的原子间距离与入射X射线波长有相同数量级，故由不同原子散射的X射线相互干涉，在某些特殊方向上产生强X射线衍射，衍射线在空间分布的方位和强度与晶体结构密切相关，这就是X射线衍射的基本原理。衍射线空间方位与晶体结构的关系可用布拉格方程表示：

$$2d\sin\theta = n\lambda \tag{3-6}$$

式中，d为晶面间距；n为反射级数；θ为掠射角；λ为X射线的波长。布拉格方程是X射线衍射分析的根本依据。

根据晶体对X射线的衍射特征——衍射线的位置、强度及数量来鉴定结晶物质之物相的方法，就是X射线物相分析法。

每一种结晶物质都有各自独特的化学组成和晶体结构。没有任何两种物质，它们的晶胞大小、质点种类及其在晶胞中的排列方式是完全一致的。当X射线波长与晶体面间距值大致相当时就可以产生衍射。

因此，当X射线被晶体衍射时，每一种结晶物质都有自己独特的衍射花样，它们的特征可以用各个衍射晶面间距d和衍射线的相对强度Ⅰ/Ⅱ来表征。其中晶面间距d与晶胞的形状和大小有关，相对强度则与质点的种类及其在晶胞中的位置有关。所以任何一种结晶物质的衍射数据d和Ⅰ/Ⅱ是其晶体结构的必然反映，因而可以根据它们来鉴别结晶物质的物相。

三、仪器设备与材料

（1）Rigaku Ultima Ⅳ型X射线衍射仪1台（见图3-5）。测试条件：Cu靶，管电压40 kV，

管电流 100 mA，扫描速度 4 °/min 连续扫描，步长 0.02°，扫描范围 $2\theta=5°\sim80°$。

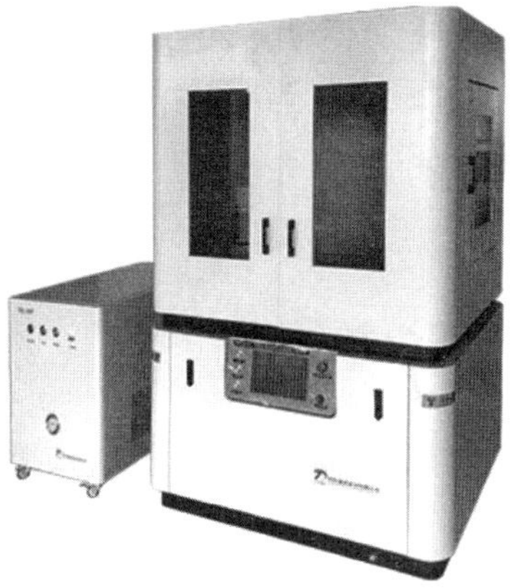

图 3-5　X 射线衍射分析仪

(2) 装有 XRD 定性分析软件 Jade 的计算机。

(3) 铁矿石样品 A、B、C 各 20 g，-200 目，干燥。

四、实验步骤

(1) 开机

① 打开总电源。

② 启动计算机。

③ 将冷却水循环装置机箱上的开关拨至运行位置，确认冷却水系统运行，水温正常(19～22 ℃)。

④ 按下衍射仪 ON 绿色按键，打开衍射仪主机开关。

⑤ 启动高压部分。

必须逐渐提升高压，稳定后再提高电流。电压不超过 40 kV，管电流上限是 40 mA，一般为 30 mA。当超过 4 d 未使用 X 光管时，必须进行光管的预热：在 25 kV 高压，预热 10 分钟；30 kV，预热 5 min；35 kV，预热 5 min。预热结束关机后，至少间隔 30 min 以上方可再次开机实验。

⑥ 将制备好的样品放在衍射仪样品台上。

⑦ 关好衍射仪门。

(2) 样品测试

① 在电脑上启动操作程序。

② 进入程序界面后，鼠标左键点击“测量”菜单，再点击“样品测量”命令，进入样品测量命令。

③ 等待仪器自检完成后，设定好右边的控制参数。

④ 鼠标左键点击“开始测量”，保存输出文件。

⑤ 此时仪器立即开始采集数据，并在控制界面显示：

a. 工作电压与电流。一般设为 40 kV，100 mA。

b. 扫描范围。起始角度 5°，终止角度 80°。

c. 步进角度。0.02°,一般在 0.02°～0.06°。

d. 扫描速度。4°/min 连续扫描。

e. 测量方式。步进测量。

⑥ 采集数据结束后,开始测量键弹起,数据自动保存在指定的文件里。

⑦ 如需测量下一个样品,则开启衍射仪门,换好样品后,再关闭衍射仪门。从样品测试步骤①开始重复。

(3) 关机

① 当所有样品测试完成后,点击控制界面退出键。

② 退出高压部分。

③ 待仪器顶部的高压指示灯熄灭后,按下 OFF 红色按钮关闭衍射仪。

④ 5 min 后关闭水循环制冷装置,关闭总电源。

⑤ 关闭电脑。

五、实验结果记录与分析

(1) 物相定性分析

本实验分别得到样品 A、B、C 的 XRD 图谱,通过 MDI Jade 5(或 Jade 6.5)软件的 PDF 检索功能,处理上述数据,进行物相检索(如图 3-6 所示)。

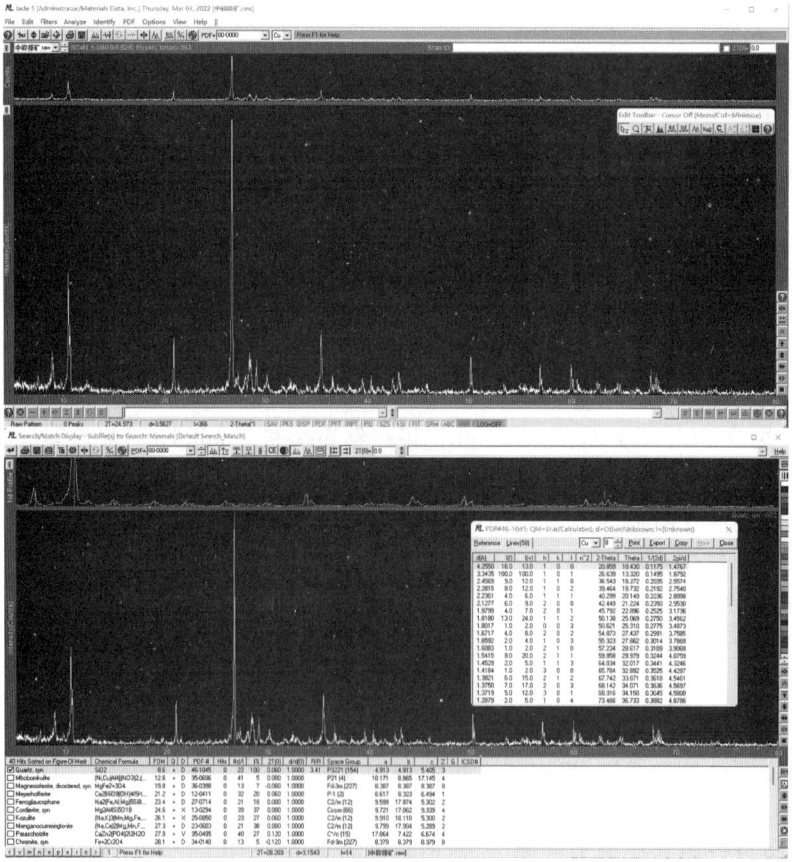

图 3-6 样品的 XRD 图谱

(2) 将检索结果填入表 3-7 中,编写实验报告。

表 3-7 矿石的物相分析结果

设备型号: 测试条件:

序号	样品名称	物相分析结果						
1	A							
2	B							
3	C							

六、思考题

(1) 简述 X 射线衍射分析的特点和应用。

(2) 简述 X 射线衍射仪工作原理。

(3) 简述利用 Jade 软件分析图谱的方法。

教学指导

(1) 介绍 X 射线衍射分析仪的用途。

(2) 引导学生学会使用 Jade 软件分析 X 射线衍射图谱。

实验 5 振动样品磁强计(VSM)实验

一、实验目的

了解振动样品磁强计(VSM)测量材料磁性质的原理,掌握用 VSM 测量矿物磁化曲线和磁滞回线的方法,并学会根据测量数据获得饱和磁化强度、比磁化系数和矫顽力等重要参数。

二、基本原理

振动样品磁强计是一种常用的磁性测量装置,它是一种基于电磁感应原理制成的高灵敏度磁矩测量仪器,在探测线圈中振动所产生的感应电压与样品磁矩、振幅、振动频率成正比。在保证振幅、振动频率不变的基础上用锁相放大器测量这一电压,即可算出待测样品的磁矩。

振动样品磁强计由磁体及电源、振动头及驱动电源、探测线圈、锁相放大器和测量磁场用的霍尔磁强计等几部分组成,其结构如图 3-7 所示。

磁矩的测量部件由探测线圈和锁相放大器组成。一对探测线圈对称地放置在电磁铁的极面上,串联反接,这样可以使由样品振动产生的信号加强,而由磁场的波动引起的以及其他非样品产生的信号相抵消。采用这样的探测线圈可以在中心位置产生鞍区,方便测量。锁相放大器较高的放大倍数保证了振动样品磁强计有较高的灵敏度。

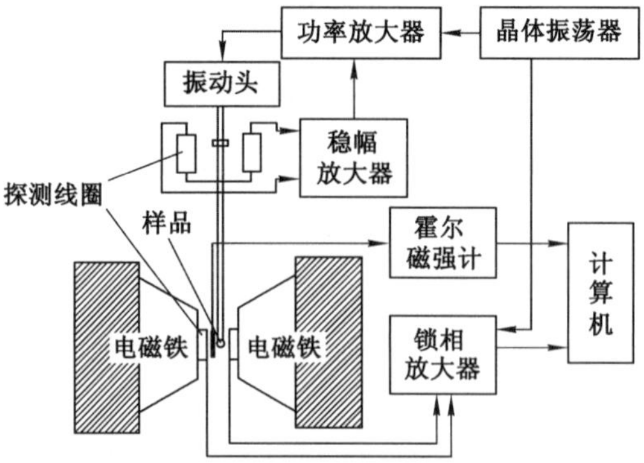

图 3-7　振动样品磁强计结构示意图

具体测量原理如下：

装在振动杆上的样品位于磁极中央感应线圈中心连接处，处于外加均匀磁场中的小样品在外磁场中被均匀磁化，小样品可等效为一个磁偶极子，其磁化方向平行于原磁场方向，并将在周围空间产生磁场。在驱动线圈的作用下，小样品围绕其平衡位置做频率为 ω 的简谐振动而形成一个振动偶极子。振动的偶极子产生的交变磁场导致探测线圈中产生交变的磁通量，从而产生感生电动势 ε，其大小正比于样品的总磁矩 μ：

$$\varepsilon = K\mu \tag{3-7}$$

式中，K 为与线圈结构、振动频率、振幅和相对位置有关的比例系数。当它们固定后，K 为常数，可用标准样品标定(通常采用标准镍样品)。由感生电动势的大小可得出样品的总磁矩，再除以样品的体积即可得到磁化强度。因此，记录下磁场和总磁矩的关系后，即可得到被测样品的磁化曲线和磁滞回线。

三、仪器设备与材料

(1) 振动样品磁强计(见图 3-8)1 台。

(2) 标准镍样品 1 个。

(3) 塑料隔膜棒 10 个。

(4) 分析天平 1 台，感量 0.1 mg。

(5) 赤铁矿石和磁铁矿石粉末样品各 20 g。

四、实验步骤

(1) 学习实验操作规程，检查设备，确保实验过程顺利进行和人机安全。

(2) 开机。连接电源，开机预热，并打开计算机配套软件。

(3) 待测样品制备。称取一定量的粉末样品装入塑料隔膜棒内，端口塞入细棉并轻敲压实。

(4) 调零。按照设备使用说明操作软件，将磁矩调至显示为 0。

(5) 磁矩定标。

① 将定标用的纯镍样品装在振动杆上，打开电磁铁电源，增加磁场，当磁场显示值不再增加时，调整定标样品上下、左右和前后的位置，将样品位置的“鞍部区”调整完毕。

② 点击软件上相应的调整键对磁矩表头显示值进行粗、细调量的增加与减少，使磁矩表头显示值与标准镍样品的标准磁矩值一致[其标准磁矩值＝样品质量(g)×54.38(emu/g)]，点

图 3-8　振动样品磁强计装置系统

击确定键，直至显示区域的磁场和磁矩表头显示的值逐渐减少直至磁场小于 0.2 kOe 时，表示磁矩测量通道的定标完成。

(6) 样品测试。取下标准镍样品，装上制备好的待测样品，进行样品的参数设置，输入样品质量，并进行磁矩调零，点击测试进行自动测量。

(7) 读取测试结果，进行分析计算。

(8) 实验结束后，关闭设备及总电源，整理仪器及实验场所。

五、实验结果记录与分析

(1) 根据数据绘制赤铁矿样品和磁铁矿样品的磁化曲线和磁滞回线，并计算它们各自的比磁化系数。

(2) 将实验数据记录于表 3-8 中。

(3) 编制实验报告。

表 3-8　振动样品磁强计测定结果记录表

试样名称：　　　　　　　　　试样来源：　　　　　　　　　设备型号：

序号	样品	质量/mg	磁场强度/Oe	量程/emu	比饱和磁化强度/($A \cdot m^2/kg$)	比磁化系数/(m^3/kg)	矫顽力/(kA/m)
1	赤铁矿						
2	磁铁矿						

实验人员：　　　　　　　　　　日期：　　　　　　指导教师签字：

六、思考题

(1) 赤铁矿和磁铁矿的磁化曲线有何区别？为什么会有如此区别？

(2) 如何根据矿物比磁化系数的大小对磁性矿物进行分类？

(3) 影响矿物比磁化系数大小的因素有哪些？

教学指导

(1) 介绍振动样品磁强计的原理和使用方法。

(2) 启发学生对赤铁矿和磁铁矿的磁性区别的观察和思考。

(3) 根据测试结果讲解磁选在矿物分选中的意义。

实验 6 粉体物料激光粒度分析

一、实验目的

学习使用激光粒度仪对粉体物料进行粒度分析的方法，学习粒度组成数据的处理及分析方法，研究分析物料的粒度组成及分布特性。

二、基本原理

激光粒度仪是根据颗粒能使激光产生散射这一物理现象测试颗粒分布的。光束中不同粒径颗粒产生的散射光角度分布不同，大颗粒散射光的角度小、小颗粒散射光的角度大。激光器产生单色相干性极好的激光，经滤波扩束系统后，得到一个扩展的、照明散射颗粒理想化的光束，分散好的颗粒在样品窗内被激光光束照射产生衍射，并形成一定的空间光强分布，在不同角度上安装一系列光电探测器来接收不同角度上的散射光，将光信号转变为电信号并送入计算机，按事先编制的程序根据衍射理论进行数据处理，把衍射谱的空间分布反演得到颗粒粒径分布。

采用激光粒度分析仪测定粉体物料的粒度分布，自动化程度高、操作简单、测定速度快、重复性好，可用于在线粒度分析。粉体颗粒由于表面能、静电等作用都有团聚倾向，因此在粒度分析前需先进行分散。依据分散系统分为湿法测量、干法测量和干湿一体测量。由于湿法测量较干法测量常用，所以本实验主要介绍湿法测量。

三、仪器设备及材料

(1) 激光粒度分布仪(见图 3-9)1 台。

(2) 电脑 1 台。

(3) 1 000 mL 大烧杯 2 个。

(4) 药匙 2 把。

(5) 自来水(净化)。

(6) 干燥的三氧化二铝粉末 100 g。

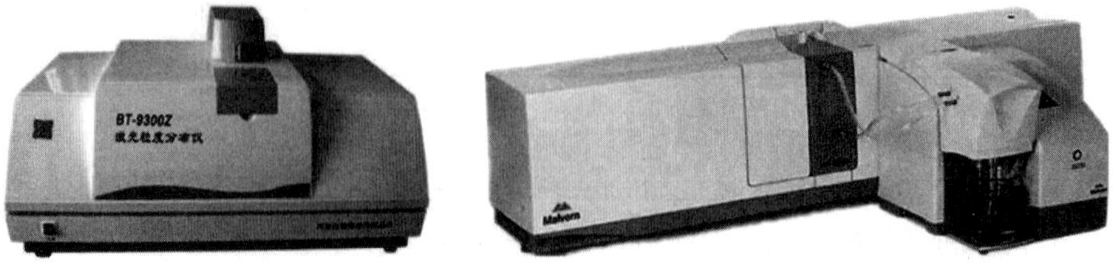

(a) 丹东百特BT-9300Z　　(b) 马尔文Mastersizer2000

图 3-9　激光粒度分布仪

四、实验步骤

(1) 学习设备操作规程，检查设备，确保实验过程顺利进行和人机安全。

(2) 接通电源，打开激光粒度仪和循环分散系统，启动电脑，启动激光粒度分布仪驱动程序。

(3) 样品悬浮液配制：测试前应先将试样与介质(某种液体，本实验使用的介质为水)混合配制成悬浮液，使试样呈均匀的、分散的、易于输送的状态(如有需要，可加入少量分散剂)。

(4) 参数设置：根据测试的试样设定物质名称、背景、超声波分散时间和测试等参数。

(5) 放入待测样品，进行自动测量，一般要求自动测量 3 次。

(6) 保存粒度测试结果，关闭系统。

(7) 实验结束后，进行充分洗涤，保证系统的清洁，之后关闭设备及总电源，整理仪器及实验场所。

注意事项：

(1) 每次取完样后都应把取样器具清洗干净，禁止用不洁净的取样器取样。

(2) 选择合适的分散剂，分散剂与试样不得产生互溶现象。

五、实验结果记录与分析

(1) 从电脑保存的文件中读取分析数据，将实验数据填入表 3-9 中(注：D_{10} 指颗粒累积分布为 10%的粒径，即小于此粒径的颗粒体积含量占全部颗粒的 10%；D_{50} 指颗粒累积分布为 50%的粒径，即小于此粒径的颗粒体积含量占全部颗粒的 50%；D_{90} 指颗粒累积分布为 90%的粒径，即小于此粒径的颗粒体积含量占全部颗粒的 90%)。

表 3-9　激光粒度分析实验结果表

试样名称：　　　　　　介质：　　　　　　设备型号：

序号	$D_{10}/\mu m$	$D_{50}/\mu m$	$D_{90}/\mu m$
1			
2			
3			
平均			

实验人员：　　　　　　日期：　　　　　　指导教师签字：

(2) 重复性偏差不超过 3%，计算平均值，以算术平均值作为实验基础数据。

(3) 使用 Origin 软件，根据原始数据中的粒径分布数据表绘制粒度分布图，其中横坐标为粒径值，该数值呈对数分布；纵坐标右列是某一区间颗粒的体积百分比，左列是体积累积百分比。

(4) 编写实验报告。

六、思考题

(1) 其他常用的微细物料粒度分析方法有哪些?

(2) 影响激光粒度分析实验准确性的因素有哪些?

(3) 讨论激光粒度实验结果有什么工业意义?

教学指导

（1）引导学生探讨激光粒度分析的原理和优缺点。

（2）引导学生学会使用数据分析软件进行数据处理。

实验7　物料水分的测定

一、实验目的

通过本实验掌握物料水分的测定原理及方法，了解水分测定的目的和意义。

二、实验原理

称取一定量粒度小于6 mm的样品，于105～110 ℃下在空气流中干燥至质量恒定。根据试样干燥后的质量损失计算出物料水分。

三、仪器设备与材料

无水氯化钙1 kg、变色硅胶1 kg、空气干燥箱1台、浅盘2个、玻璃称量瓶2个、分析天平1台、干燥器1个。

四、实验步骤

（1）用预先干燥并称量过的称量瓶迅速称取粒度小于6 mm的试样10～12 g（精确到0.000 1 g），平摊在称量瓶中。

（2）打开称量瓶盖，放入预先通入干燥氮气并已加热到105～110 ℃的干燥箱中，干燥2 h。

（3）从干燥箱中取出称量瓶，立即盖上盖，在空气中放置约5 min，然后放入干燥器中，冷却到室温（约20 min），称量。

（4）进行检查性干燥，方法是将第一次干燥然后冷却至室温的试样再次放入105～110 ℃的干燥箱中，恒温30 min，然后取出放在干燥器中冷却至室温，直到连续两次干燥后试样减少的质量不超过0.01 g为止。

五、实验记录和结果

（1）将实验数据记录于表3-10中。

（2）按下式计算试样的水分：

$$M_t = \frac{m_1}{m} \times 100 \tag{3-8}$$

式中　M_t——试样的水分，%；

m——试样的质量，g；

m_1——干燥后试样减少的质量，g。

六、注意事项

（1）采集的试样应保存在密封良好的容器内，并放在阴凉的地方。

（2）制样操作要快，最好用密封式破碎机，以保证破碎过程中水分无明显损失。

（3）试样送到实验室后应立即测定，保证从制样到测试前的全过程试样水分无变化。如果在运送过程中试样的水分有损失，则求出补正后的全水分值。

（4）试样不宜过细，如要求用较细的试样进行测定，则应该用密封式破碎机或用两步法进行测定——先破碎成较大颗粒测定外在水分，再破碎到较细颗粒测定内在水分。

（5）制备好的试样如果不能立即测定，应准确称量，以便进行水分损失或吸收补正。

表 3-10　物料水分测定数据记录表

<table>
<tr><td colspan="3">试样名称</td><td colspan="2"></td></tr>
<tr><td colspan="3">依据标准</td><td colspan="2"></td></tr>
<tr><td colspan="3">使用方法</td><td colspan="2">空气干燥法</td></tr>
<tr><td colspan="3">主要设备名称及编号</td><td colspan="2">恒温干燥箱</td></tr>
<tr><td colspan="3">重复测定</td><td>第一次</td><td>第二次</td></tr>
<tr><td colspan="3">浅盘或称量瓶编号</td><td>01</td><td>02</td></tr>
<tr><td colspan="3">浅盘或称量瓶质量/g</td><td></td><td></td></tr>
<tr><td colspan="3">试样＋浅盘或称量瓶质量/g</td><td></td><td></td></tr>
<tr><td colspan="3">试样质量/g</td><td></td><td></td></tr>
<tr><td colspan="3">干燥后试样＋浅盘或称量瓶质量/g</td><td></td><td></td></tr>
<tr><td rowspan="2">检查性干燥</td><td rowspan="2">干燥后试样＋浅盘或称量瓶质量/g</td><td>第一次</td><td></td><td></td></tr>
<tr><td>第二次</td><td></td><td></td></tr>
<tr><td colspan="3">M_t/%</td><td></td><td></td></tr>
<tr><td colspan="3">两次测值的差</td><td></td><td></td></tr>
<tr><td colspan="3">M_t(平均值)/%</td><td></td><td></td></tr>
</table>

实验 8　化学分析矿样的制备及化学分析通则

由于现代分析技术的发展，目前不少测定都可由仪器分析完成。但化学方法作为经典的分析方法，在化学分析中仍然占有非常重要的地位。化学分析试样主要用来确定所取物料中某些元素或成分的含量，多用于原矿、精矿、尾矿或生产过程中其他产品的分析。

一、实验目的

了解矿样化学分析对选矿（煤）厂生产的意义，掌握化学分析矿样制备的基本操作方法，熟悉化学分析通则。

二、化学分析矿样的制备

在选矿厂取样中，原矿和选矿流程中各产品的粒度都是不均匀的，直径一般为数毫米至数百毫米，而化学分析的最终样品一次只需数克至数十克，最大颗粒直径不大于 0.1 mm，这就必须采用经济有效的加工方法，将矿石化学分析样品经过破碎、磨矿、过筛、混匀、缩分，制备成代表性、均匀性合格的分析试样。规范的样品制备是取得准确的矿样化学分析结果的前提和关键要素。

1. 基本原理

在选矿厂取样中，取得的试样最小质量按照式(1-2-1)计算。干物料加工制备成分析试样的具体过程为：混匀—缩分—研磨—过筛—混匀—缩分—装袋(分正样和副样)—送化验分析。湿物料加工制备成分析试样的具体过程为：过滤—烘干—混匀—缩分—研磨—过筛—混匀—缩分—装袋(分正样和副样)—送化验分析。

矿样制备的基本要求是：

(1) 制备的矿样必须保证与原始样品的物质组成一致，即样品的代表性不变。取样和制样，需严格按照规定进行。

(2) 制备的矿样必须达到规定的粒度要求，便于分析矿样的分解和测定。

供化学分析用的试样，粒度要细。按规定精矿过 180 目以上筛子，原矿和尾矿过 160 目以上筛子。

(3) 制备的矿样应该有良好的均匀性。

过筛后试样的混匀，一般在胶布或油、漆布上用滚移法进行，或者在研磨板上用移锥法进行。缩分多用薄圆盘四分法，取对角线的两份作为正样，其余两份为副样；方格法能一批连续分出多份小份试样，也常用于分析试样的缩取操作。

(4) 制备的矿样必须保证化学分析所需要的足够的量(视测试项目而定)。

化学分析试样的质量一般为 10～200 g，最多不过数百克。通常分析原、精、尾矿样品时，分析单一元素要求的样品质量为 15～20 g、两种以上的元素为 25～40 g；供物相分析用的样品为 50 g；供多元素分析的样品，视分析元素数目的多少而定，一般要在 100 g 以上。

样品装袋前，要在样袋上写明试样名称、编号、班次、日期、要求分析元素等内容，且样品加工者在样品袋上签字。

2. 仪器设备与材料

(1) 油布或橡皮布 2 套/组，缩分板 2 套/组，取样铲 2 套/组，毛刷 2 套/组。

(2) 分析天平 1 台(公用)，感量 0.1 mg。

(3) 研磨机 1 台或研钵 2 套/组，电热鼓风干燥箱 1 台。

(4) 180 目泰勒筛 2 套/组。

(5) 铁矿石样品若干，规格为－2 mm。

3. 实验步骤

(1) 将化学分析大样于 105 ℃下烘干 24 h，冷却后混匀。

(2) 计算试样最大粒度为 2 mm 时所需要的最小取样质量，并称取适量的矿样。

(3) 将称取的矿样采用研磨机或研钵进行研磨，用 180 目泰勒筛进行筛制，180 目以上样品重新研磨，直至所有样品全部过 180 目筛。

(4) 采用堆锥法或滚移法将样品混匀后，从总样中按照堆锥四分法或网格法取出有代表性的样品 2 份，分别放在样品袋中，并贴上标签备用。

(5) 实验结束后，整理仪器及实验场所。

4. 实验结果记录与分析

(1) 将实验数据按规定要求填入实验结果表(表 3-11)中。

(2) 编写实验报告。

表 3-11　样品制备实验结果记录表

试样名称：　　　　　　　　　　试样来源：　　　　　　　　　　试样粒度：

最小取样质量/g	实际取样质量/g	研磨-筛分过程	缩分方法	样品编号	样品质量/g
			堆锥四分法	1	
			网格法	2	

实验人员：　　　　　　　　　　日期：　　　　　　指导教师签字：

三、化学分析通则

我国国家标准关于铁矿石分析方法的通则有《铁矿石分析方法总则及一般规定》(GB/T 1361—2008)。该标准规定了天然铁矿石、铁精矿及其人造块矿各成分的仲裁分析和标样制作，以及验证其他分析方法时必须采用的方法。

铁矿石现行有效标准 GB/T 6730 系列所载入的标准方法，作仲裁分析、验证其他分析方法以及标准物质定值分析时使用，也可作为铁矿石的例行分析方法以确保被测成分的分析质量。同一元素含有一个以上分析方法标准时，可根据试样的组成和含量情况选择使用。仲裁分析时应选择对待测元素干扰小、精密度高的分析方法。

1. 分析结果通则

(1) 试样必须进行 2 次以上独立分析，每次须带标准试样。标准试样的分析结果与标准值在允许差范围内时，试样的分析结果保留，否则应重新分析。

(2) 2 次以上分析结果的极差，如在允许差绝对值 2 倍范围内，取算术平均值。若有个别数据超出，可视其分布情况，若认为所得数据已足够可权宜弃去，否则应补做若干数据。

(3) 规定的允许差仅用于判断分析结果的准确性。将原分析结果与仲裁结果相比较，如不超出允许差的绝对值，则认为原分析结果无误，而以仲裁结果为准。分析结果小数点后的位数与允许差取齐。

2. 试样通则

(1) 除特殊规定外，分析试样一般采取预干燥试样。分析试样应在 105 ℃±2 ℃温度下烘干 2 h，于干燥器中贮存。

(2) 吸湿性强的试样，应采用减量法称样。

(3) 含有机物、碳化物及硫化物较高的试样，一般应在试样分解前将所称取的试样于 800 ℃灼烧 1 h。

3. 试剂通则

(1) 所用试剂规格不得低于分析纯，作为基准物质应采用基准试剂。配制标准溶液时，所用试剂一般要求纯度应在 99.99%以上。

(2) 除特殊注明外，溶剂溶液均指水溶液。分析方法中所使用的酸等，如未注明浓度则均为浓溶液。

(3) 由固体试剂配制的非标准溶液的浓度用质量浓度表示，单位为 g/L 或 mg/mL。由液体试剂配制的非标准溶液的浓度以(V_1+V_2)表示，即将体积为 V_1 的特定溶液加入体积为 V_2 的溶剂中。

(4) 标准系列溶液，应取标准贮存溶液逐级稀释配制而成，一般在使用时再配制。溶液标定应取 3 份同时标定，若其滴定体积极差不超过 0.03 mL，可取其平均值，否则应重取

3 份再标定。用基准试剂直接配制的标准溶液，配制和使用时的温度应基本一致。

分析时必须做全部操作的试剂空白，对测定结果进行校正。所有分析操作过程用水均为蒸馏水或去离子水。标准温度是 20 ℃，温水的温度是指 40～60 ℃，热水或热溶液的温度是指 70～80 ℃。分光光度计、天平、砝码、容器量具等，应经常进行校正。灼烧物恒重时均应在干燥器中冷至室温，前后两次冷却时间应一致，两次称量之差应小于或等于 0.3 mg。干过滤是指溶液用干滤纸和干漏斗过滤于干燥容器中，并弃去最初部分滤液。分析步骤中熔融及盛溶液的烧杯加热时，除特殊说明外，均应加盖或表面皿。

四、思考题

（1）为保证样品的代表性，在研磨过程中需要注意哪些事项？

（2）对于易氧化的矿石，制样过程中需要注意什么？

教学指导

（1）介绍化学分析矿样制备的重要性。

（2）重点介绍样品制备的基本要求。

（3）介绍化学分析通则。

实验 9　物料烧失量的测定

一、实验目的

学习烧失量的测定方法，了解烧失量测定的意义。

二、实验原理

烧失量（loss on ignition，缩写为 LOI），即将在 105～110 ℃温度范围内烘干的原料在 800～1 100 ℃的高温下灼烧后失去的质量的百分比。原料烧失量的分析有其特殊意义。它表征原料加热分解的气态产物（如 H_2O、CO_2 等）和有机质含量的多少，从而可以判断原料在使用时是否需要预先对其进行煅烧，使原料体积或质量稳定。按照化学分析所得到的成分，可以判断原料的纯度，大致计算出其耐火性能，借助有关相图也可大致计算出其矿物组成。

三、仪器设备与材料

（1）瓷坩埚 4 个，容量 50 mL。

（2）马弗炉 1 台。

（3）分析天平 1 台，最大称量 200 g，感量 0.1 mg。

（4）干燥箱 1 台，控温范围 50～200 ℃的电热恒温干燥箱，有自动控温装置。

（5）两种试样各 20 g。

四、实验步骤与数据处理

（1）干燥：用瓷坩埚称取试样 5 g（精确至 0.001 g），将其置于恒温 105 ℃±5 ℃的干燥箱内，放置位于搁板箱顶部 2/3 处，经干燥 2 h 后取出，放入干燥器内冷却至室温，称重记为 m_1。

（2）灼烧：将干燥后的试样置于已灼烧至恒量的瓷坩埚中，将盖斜置于坩埚上，放在马弗炉内从低温开始逐渐升高温度，在 950～1 000 ℃下灼烧 15～20 min，取出坩埚置于干燥器中冷却至室温，称量。反复灼烧，直至恒量。计算出灼烧后样品质量 m_2。

（3）计算烧失量。烧失量 W_{LOI} 可按下式计算：

$$W_{LOI}=\frac{m_1-m_2}{m_1}\times 100 \tag{3-9}$$

式中　W_{LOI}——烧失量的质量分数，%；

m_1——试样的质量，g；

m_2——灼烧后试样的质量，g。

（4）记录数据。实验数据和计算结果记入表 3-12 中。

表 3-12　烧失量测定数据记录表

试样名称：　　试样来源：　　灼烧温度：　　灼烧时间：

检测项目	坩埚质量 m_0/g	样品干燥后质量 m_1/g	样品灼烧后质量 m_2/g	W_{LOI}/%	
				结果	平均
样品 1					
样品 2					

实验人员：　　日期：　　指导教师签字：

五、思考题

（1）烧失量测试的意义是什么？

（2）影响烧失量测试结果的因素有哪些？

教学指导

（1）介绍烧失量测试的意义。

（2）介绍烧失量的测试方法及原理，介绍烧失量测定的应用。

（3）如果条件允许，可以鼓励部分同学开展不同种类试样的烧失量测定。

实验 10　铁矿石中全铁含量的测定

铁是铁矿石中的主量元素，采用重铬酸钾滴定法测量其含量。样品处理方法分酸溶解法和碱熔融法。铁的还原方式有氯化亚锡-氯化汞还原和三氯化钛还原，目前使用比较多的是三氯化钛还原重铬酸钾滴定法。

一、氯化亚锡-氯化汞还原滴定法

1. 实验原理

试样用酸分解或碱熔融分解，用氯化亚锡将三价铁还原为二价铁，加入氯化汞以除去过量的氯化亚锡，以二苯胺磺酸钠为指示剂，用重铬酸钾标准溶液滴定至紫色。

反应方程式：

$$2Fe^{3+}+Sn^{2+}+6Cl^{-}\longrightarrow 2Fe^{2+}+SnCl_6{}^{2-}$$

$$Sn^{2+} + 4Cl^- + 2HgCl_2 \longrightarrow SnCl_6^{2-} + Hg_2Cl_2 \downarrow$$

$$6Fe^{2+} + Cr_2O_7^{2-} + 14H^+ \longrightarrow 6Fe^{3+} + 2Cr^{3+} + 7H_2O$$

此法的优点是：过量的氯化亚锡容易除去，重铬酸钾溶液比较稳定，滴定终点的变化明显，受温度(30 ℃以下)的影响较小，测定的结果比较准确。

2. 试剂配制

重铬酸钾标准溶液：称取 1.755 9 g 预先在 150 ℃烘干 1 h 的重铬酸钾(基准试剂)于 250 mL 烧杯中，以少量水溶解后，移入 1 L 容量瓶中，用水定容。1.00 mL 此溶液相当于 0.002 0 g 铁。

硫磷混合酸(1)：15＋15＋70。将 150 mL 浓硫酸缓缓倒入 700 mL 水中，冷却后加入 150 mL 磷酸，搅匀。

氯化亚锡溶液：浓度 100 g/L。称取 10 g 氯化亚锡($SnCl_2$)溶于 10 mL 盐酸中，用水稀释至 100 mL。

氯化汞($HgCl_2$)饱和溶液。

硫磷混合酸(2)：硫酸和磷酸按 2∶3 比例混合。

二苯胺磺酸钠($C_6H_5NHC_6H_4SO_3Na$)溶液：浓度 5 g/L。

3. 分析步骤

硫磷混合酸(2)分解试样：称取 0.200 0 g 试样于 250 mL 锥形瓶中，加 0.5 g 氟化钠，用少许水润湿后，加入 10 mL 硫磷混合酸(2)，摇匀。在高温电炉上溶解完全，直至冒出三氧化硫白烟，取下冷却，加入 20 mL 盐酸，低温加热至近沸，取下趁热滴加氯化亚锡溶液至铁(Ⅲ)离子的黄色消失，并过量 2 滴，用水冲洗杯壁。流水冷却至室温后，加入 10 mL 氯化汞饱和溶液(过量)，摇动后放置 2～3 min，加水至 120 mL 左右，加 5 滴 5 g/L 的二苯胺磺酸钠指示剂，用重铬酸钾标准溶液滴定至紫色。试样分析的同时进行空白实验。

过氧化钠分解试样：称取 0.200 0 g 试样置于刚玉坩埚或者银坩埚中，加 2～3 g 氢氧化钠，混匀，再覆盖 1 g 过氧化钠。置于马弗炉中于 680 ℃熔融 10 min，取出，冷却。将坩埚放入 250 mL 烧杯中，盖上表面皿，加水 20 mL、盐酸 20 mL，浸取熔块。待熔块溶解后，用 5% 盐酸洗净坩埚，在电炉上加热溶解至近沸，并维持数分钟。取下趁热滴加氯化亚锡溶液，至铁(Ⅲ)离子的黄色消失，并过量 2 滴。用水冲洗杯壁。流水冷却至室温后，加入 10 mL 氯化汞饱和溶液，摇动后放置 2～3 min，加 15 mL 硫磷混合酸(1)，加水至 120 mL 左右，加 5 滴 5 g/L 的二苯胺磺酸钠指示剂，用重铬酸钾标准溶液滴定至紫色。试样分析的同时进行空白实验。

当分析铬铁矿中的铁以及含钒、钼和钨的矿石中的铁时，必须在碱熔浸取后进行过滤，将铬、钒、钼和钨除去，再进行铁的测定。

4. 数据处理

全铁含量以质量分数 W_{Fe}(%)计，计算公式为：

$$W_{Fe} = \frac{(V - V_0) \times 0.002\,000}{m} \times 100 = \frac{0.2(V - V_0)}{m} \tag{3-10}$$

式中 0.002 000——与 1.00 mL 重铬酸钾标准溶液相当的以 g 表示的铁的质量；

V_0——滴定空白所需重铬酸钾标准溶液的体积，mL；

V——滴定试液所需重铬酸钾标准溶液的体积，mL；

m——称取试样的质量，g。

5. 注意事项

(1) 若样品中含有机物，酸溶时需加几滴硝酸。

(2) 硫磷混合酸溶样时需要用高温电炉，并不断地摇动锥形瓶以加速分解，否则在瓶底将析出焦磷酸盐或偏磷酸盐，使结果不稳定。

(3) 硫磷混合酸溶矿温度要严格控制。温度过低，样品不易分解；温度过高，时间太长，磷酸会转化为难溶的焦磷酸盐，影响滴定终点辨别，并使分析结果偏低。通常铁矿在250～300 ℃加热5 min即可分解。

(4) 过氧化钠熔融物用盐酸提取后，要煮沸5～10 min，以赶净过氧化氢，否则测定结果不正常。

(5) 控制好氯化亚锡还原铁(Ⅲ)的滴加量。过量氯化亚锡被氯化汞氧化，应生成白色丝状沉淀。如果还原时氯化亚锡过量太多，则产生灰色或黑色沉淀金属汞。金属汞容易被重铬酸钾氧化，使铁的结果偏高。

(6) 氯化汞溶液应在小体积时加入，有白色丝绢光泽沉淀生成。这种甘汞沉淀的产生比较缓慢，因此加入氯化汞后应摇匀并放置2～3 min，时间过短则结果偏高。

(7) 指示剂必须用新配制的，每周应更换一次。

二、三氯化钛还原滴定法

1. 实验原理

试样用酸分解或碱熔融分解，氯化亚锡将大量铁还原后，加三氯化钛还原少量剩余铁。用稀重铬酸钾溶液氧化(方法1、方法2)或用高氯酸氧化(方法3)过量的还原剂。以二苯胺磺酸钠作指示剂，重铬酸钾标准溶液滴定。

2. 试剂配制

盐酸：1+9、1+50。

硫酸：1+1。

高氯酸：1+1。

过氧化氢：30%(体积分数)和3%(体积分数)。

高锰酸钾溶液：浓度40 g/L。

重铬酸钾溶液：浓度0.5 g/L。

氢氧化钠溶液：浓度20 g/L。

氯化亚锡($SnCl_2$)溶液；浓度60 g/L。称取6 g氯化亚锡溶于20 mL热盐酸中，加水稀释至100 mL，混匀，加一粒锡粒，贮于棕色瓶中。

三氯化钛溶液：1+14。取2 mL市售三氯化钛溶液(质量体积比15%～20%)，用盐酸(1+5)稀释至30 mL。在冰箱中保存。

硫磷混酸：15+15+70。边搅拌边将150 mL浓硫酸慢慢注入700 mL水中，加150 mL磷酸，混匀。

硫酸亚铁铵[$(NH_4)_2Fe(SO_4)_2 \cdot 6H_2O$]溶液：浓度0.05 mol/L。称取19.7 g硫酸亚铁铵溶解于硫酸(5+95)中，稀释至1 000 mL，混匀。

重铬酸钾($1/6K_2Cr_2O_7$)标准溶液：浓度0.050 00 mol/L。称取2.451 8 g预先在150 ℃烘干2 h，并在干燥器中冷却至室温的重铬酸钾，溶解在适量水中，移入1 000 mL容量瓶中，用水稀释至刻度，混匀。

钨酸钠(Na_2WO_4)溶液：浓度 250 g/L。称取 25 g 钨酸钠溶于适量水中，加 5 mL 磷酸，用水稀释至 100 mL，混匀。

靛蓝($C_{16}H_8O_8N_2S_2Na_2$)溶液：浓度 1 g/L。称取 0.1 g 靛蓝溶解于 100 mL 硫酸(1+1)中，混匀。

二苯胺磺酸钠($C_6H_5NHC_6H_4SO_3Na$)溶液：浓度 2 g/L。

3. 分析步骤

(1) 试样的分解

① 酸分解(钒含量小于 0.05%，钼和铜含量均小于 0.1%的试样)

称取 0.200 0 g 试样置于 300 mL 烧杯中，加 30 mL 盐酸，盖上表面皿，缓慢加热分解试样，不能沸腾，以免三氯化铁挥发。用射水冲洗表面皿及烧杯壁，至体积约 50 mL。用中速滤纸过滤不溶残渣，用热盐酸(1+50)洗残渣，直至看不见黄色的三氯化铁为止，然后再用热水洗 6～8 次。将滤液和洗液收集在 600 mL 烧杯中，此即主液。

将滤纸和残渣放入铂坩埚中，灰化，在 800 ℃灼烧 20 min，冷却。用硫酸(1+1)润湿残渣，加 5 mL 氢氟酸，低温加热至三氧化硫白烟冒尽，以除去二氧化硅和硫酸。取下，加 2 g 焦硫酸钾于冷却后的坩埚中，缓慢加热升至 650 ℃左右熔融约 5 min，冷却。将坩埚放入原烧杯中，加约 25 mL 水和 5 mL 盐酸，温热溶解熔融物。洗出坩埚，将该溶液并入主液。不沸腾状况下蒸发至约 100 mL。

注：盐酸分解试样后，如有少量白渣，可以不用回渣，对结果无显著影响。

② 熔融-酸化(钒含量小于 0.05%，钼和铜含量均小于 0.1%的试样)

称取 0.200 0 g 试样置于刚玉坩埚中，加 3 g 混合熔剂(过氧化钠+碳酸钠=2+1)，充分混匀，上盖 1 g 混合熔剂，在 800 ℃熔融约 15 min。

冷却熔融物，将坩埚放入 600 mL 烧杯中，加 100 mL 温水，加热煮沸几分钟，浸出熔融物。加 20 mL 盐酸，加热至碳酸钠和过氧化钠分解不再起泡为止。洗出坩埚，并将洗液加入溶液中。不沸腾状况下蒸发至约 100 mL。

③ 熔融-过滤(钒含量大于 0.05%，钼含量大于 0.1%，铜含量小于 0.1%的试样)

称取 0.200 0 g 试样置于刚玉坩埚中，加 3 g 混合熔剂(过氧化钠+碳酸钠=2+1)，充分混匀，上盖 1 g 混合熔剂。在 800 ℃熔融约 15 min。

冷却熔融物，将坩埚放入 600 mL 烧杯中，加 100 mL 温水，加热煮沸几分钟，浸出熔融物。用热水洗出坩埚，并将洗液加入溶液中。保留坩埚。冷却溶液，用中速滤纸过滤，用氢氧化钠溶液(20 g/L)洗涤 2 次，弃去滤液。

将滤纸上的沉淀用射水洗入原烧杯中，加 10 mL 盐酸，加热溶解沉淀。溶液用原滤纸过滤，用热盐酸(1+1)洗滤纸 3 次，用盐酸(1+50)洗数次，最后用温水洗至洗液无酸性为止。将滤液和洗液收集在 600 mL 烧杯中，此即主液。用热盐酸(1+1)将坩埚中残余熔融物溶解并洗入主液中。不沸腾状况下蒸发至约 100 mL。

(2) 还原

任选下列方法之一氧化过量的三氯化钛。

① 方法 1：以钨酸钠为指示剂，用稀重铬酸钾氧化过量的三氯化钛

在溶液中加 3 滴高锰酸钾溶液(40 g/L)，加热保持近沸 5 min，氧化溶液中的砷或有机

物。用少量热盐酸(1+9)洗表面皿和烧杯内壁。立刻滴加氯化亚锡溶液(60 g/L)还原铁(Ⅲ),并不时转动烧杯中的溶液,直至溶液保持淡黄色。如果溶液因加入过量氯化亚锡而变为无色,则滴加过氧化氢溶液(体积分数 3%)至溶液呈淡黄色。

用少量水清洗烧杯内壁,流水冷却至室温,调整溶液体积为 150～200 mL,边搅拌边滴加 15 滴钨酸钠溶液(250 g/L),滴加三氯化钛溶液(1+14)至蓝色出现,并过量 1～2 滴。滴加稀重铬酸钾溶液(0.5 g/L)至蓝色消失(不计读数)。

② 方法 2:以靛蓝为指示剂,用稀重铬酸钾溶液氧化过量的三氯化钛

前一步骤与方法 1 相同。

用少量热水清洗烧杯内壁,加 6 滴靛蓝溶液作指示剂,然后滴加三氯化钛溶液(1+14),并不时转动溶液,至溶液由蓝色变无色,再过量 2～3 滴。滴加稀重铬酸钾溶液(0.5 g/L)至溶液呈稳定蓝色(保持 5 s)。放在冷水浴中数分钟,然后用冷水将溶液稀释至约 200 mL。

③ 方法 3:用高氯酸氧化过量的三氯化钛

前一步骤与方法 1 相同。

逐滴加入三氯化钛溶液(1+14),直至黄色消失并过量 3～5 滴。用少量水吹洗杯壁,并迅速加热至开始沸腾。取下烧杯,立即将 5 mL 高氯酸(1+1)一次加入,摇动约 5 s,将溶液混匀。立即加冷水(<10 ℃)稀释至 200 mL,迅速冷却至 15 ℃以下。

(3) 滴定

在冷却的溶液中,加 20 mL 硫磷混酸,加 5 滴二苯胺磺酸钠指示剂,用重铬酸钾标准溶液滴定,当溶液由绿色变为蓝绿色到最后一滴变紫色时为终点。记下消耗的重铬酸钾标准溶液的体积。

注:滴定与配制重铬酸钾标准溶液的温度应保持一致,否则应对其体积进行校正。滴定温度比配制温度每升高 1 ℃,滴定度降低 0.02%。

(4) 空白实验

用相同的试剂,按与试样相同的操作,测量空白值。但在加硫磷混酸前加入 5.00 mL 硫酸亚铁铵溶液,用重铬酸钾标准溶液滴定至终点后,再加入 5.00 mL 硫酸亚铁铵溶液,继续用重铬酸钾标准溶液滴定至终点。前后滴定所需重铬酸钾标准溶液的体积之差即为空白值。

4. 数据处理

全铁含量以质量分数 W_{Fe}(%)计,计算公式为:

$$W_{\mathrm{Fe}}=\frac{c\times(V-V_0)\times\frac{56.85}{1\,000}}{m}\times 100 \tag{3-11}$$

式中　c——重铬酸钾标准溶液的浓度,mol/L;

V_0——滴定空白所需重铬酸钾标准溶液的体积,mL;

V——滴定试液所需重铬酸钾标准溶液的体积,mL;

m——称取试样的质量,g;

55.85——铁的摩尔质量,g/moL。

实验 11 铁矿石中二氧化硅的测定

二氧化硅的测定主要有重量法和比色法。重量法有动物胶凝聚法、高氯酸硫酸脱水法、盐酸蒸干脱水法等，比色法主要是钼蓝光度法。本文主要介绍亚铁还原-钼蓝光度法。

一、实验原理

试样用混合熔剂熔融、稀盐酸浸取，使硅呈硅酸状态。在弱酸性溶液中，硅酸与钼酸铵生成可溶性黄色硅钼杂多酸，此杂多酸能被硫酸亚铁铵还原成硅钼蓝，借此进行光度测定。

二、试剂配制

混合熔剂：取 2 份无水碳酸钠与 1 份硼酸研细混匀。

盐酸：1＋5。

草酸硫酸混合酸：32 g 草酸溶于 1 000 mL 硫酸(1＋9)中。

钼酸铵溶液：浓度 60 g/L。

硫酸亚铁铵溶液：浓度 60 g/L。称取 6 g 硫酸亚铁铵[$(NH_4)_2Fe(SO_4)_2 \cdot 6H_2O$]于 100 mL烧杯中，加 1 mL 硫酸(1＋1)润湿，加适量水搅拌溶解，用水稀释至 100 mL，溶液过滤后使用，一周内有效。

二氧化硅贮备液：浓度 0.20 mg/mL。称取预先在 1 000 ℃灼烧 1 h 的高纯二氧化硅 0.200 0 g，置于盛有 2.5 g 混合熔剂的铂坩埚中，混匀，再覆盖 1.0 g 混合熔剂，于 950 ℃熔融约 20 min。冷却至室温，置于塑料杯中用沸水浸取，用水洗出坩埚，冷却至室温。移入 1 000 mL 容量瓶中，用水稀释至刻度，混匀，立即移入塑料瓶中保存。此溶液 1 mL 含 0.20 mg 二氧化硅。

二氧化硅标准溶液：浓度 20 μg/mL。移取 25.00 mL 二氧化硅贮备液于 250 mL 容量瓶中，用水稀释至刻度，混匀，移入塑料瓶中保存。此溶液 1 mL 含二氧化硅 20 μg。

三、分析步骤

(1) 试样分解

称取 0.100 0～0.500 0 g 试样(视硅含量高低而定)，置于盛有 2.5 g 混合熔剂的铂坩埚中，混匀，再覆盖 1.0 g 混合熔剂。于 950 ℃熔融 15～20 min，取出转动坩埚，冷却。将坩埚置于预先盛有 75 mL 盐酸(1＋5)的烧杯中，在搅拌下加热浸取熔融物至溶液清亮。用水洗出坩埚，冷却至室温。溶液移入 250 mL 容量瓶中，用水稀释至刻度，混匀。

(2) 空白实验

随同试样进行空白实验，所用试剂应取自同一试剂瓶。

(3) 显色

分取 20.00 mL 试液于 100 mL 容量瓶中，用水稀释至 50 mL，加 5 mL 钼酸铵溶液(60 g/L)，混匀，放置 20 min(室温低于 20 ℃时放置 20～30 min)。加 20 mL 草酸硫酸混合酸，混匀，20～30 s 后立即加 5 mL 硫酸亚铁铵溶液(60 g/L)，混匀。用水稀释至刻度，混匀，放置 10 min。

(4) 吸光度测量

分取部分试液于 1 cm 吸收皿中，以随同试样的空白溶液为参比，在分光光度计上于波长 810 nm 处测量吸光度。从工作曲线上查出相应的二氧化硅质量。

(5) 工作曲线的绘制

分取 0、1.00 mL、2.00 mL、4.00 mL、6.00 mL、8.00 mL 和 10.00 mL 二氧化硅标准溶液于 100 mL 容量瓶中，分别加入 20 mL 随同试样的空白溶液，用水稀释至 50 mL，以下按试样显色步骤显色。以未加二氧化硅标准溶液的试样为参比，用 1 cm 吸收皿于 810 nm 波长处测定吸光度。

以二氧化硅的质量为横坐标、吸光度为纵坐标，绘制的曲线即为工作曲线。

四、数据处理

二氧化硅含量以质量分数 W_{SiO_2}(%)计，计算公式为：

$$W_{SiO_2} = \frac{m_1 \times V}{m \times V_1 \times 10^6} \times 100 \tag{3-12}$$

式中　m_1——由工作曲线查出的二氧化硅的质量，μg；

V——试液总体积，mL；

V_1——分取试液的体积，mL；

m——称取试样的质量，μg。

实验 12　铁矿石中五氧化二磷的测定

铁矿石中五氧化二磷的测定方法有酸碱滴定法和光度法。

一、酸碱滴定法

1. 实验原理

试样用盐酸、硝酸、高氯酸分解，过滤，滤液作为主液保留。残渣用氢氟酸除硅、碳酸钠熔融，用稀盐酸浸取后，加三氯化铁，用氨水沉淀法回收磷，沉淀物在盐酸中溶解，与主液混合在一起。在含有适量硝酸和硝酸铵的条件下，加钼酸铵生成磷钼酸铵沉淀。沉淀溶于过量的氢氧化钠标准溶液中，用硝酸标准溶液滴定过量氢氧化钠，借此测定磷含量。

2. 仪器及试剂

符合 GB/T 12806 规定的单标线容量瓶和符合 GB/T 12808 规定的单标线吸量管。

符合 GB/T 6682 规定的蒸馏水或与其纯度相当的水。

碳酸钠(无水)：分析纯。

硝酸钠：分析纯。

盐酸：浓度 1.19 g/mL。

盐酸：1+4。

硝酸：浓度 1.42 g/mL。

硝酸：2+100。

高氯酸：浓度 1.67 g/mL。

硫酸：浓度 1.84 g/mL。

氢氟酸：浓度 1.15 g/mL。

氨水：浓度 0.90 g/mL。

硝酸银溶液：浓度 10 g/L。

碳酸钠溶液：浓度 10 g/L。

氢溴酸：1＋3。

过氧化氢：1＋9。

邻苯二甲酸氢钾：基准试剂。

硝酸铵溶液：浓度 300 g/L。

三氯化铁溶液：浓度 9 g/L。

硫酸铁溶液：浓度 50 g/L。在 100 mL 的硫酸（1＋30）中溶解 5 g 的七水合硫酸亚铁（$FeSO_4 \cdot 7H_2O$）。

钼酸铵溶液：浓度 50 g/L。称取 40 g 结晶钼酸铵溶于 300 mL 温水和 80 mL 氨水中，冷却，在搅拌下分数次慢慢倾入 600 mL 硝酸（1＋1）中。

去二氧化碳水：将水煮沸 15 min，冷却，用适当方法防止再吸收二氧化碳。

甲基红溶液：浓度 2 g/L。溶解 0.2 g 甲基红于 90 mL 乙醇中，以水稀释至 100 mL，混匀。

酚酞溶液：浓度 50 g/L。溶解 0.5 g 酚酞于 90 mL 乙醇中，以水稀释至 100 mL，混匀。

氢氧化钠标准滴定溶液：浓度约 0.1 mol/L。

硝酸标准滴定溶液：浓度约 0.1 mol/L。

3. 分析步骤

(1) 试样量

根据试样中磷含量，按表 3-13 称取试样，精确至 0.000 1 g。

表 3-13　试样量、盐酸和高氯酸加入量

磷含量/%	试样量/g	盐酸/mL	高氯酸/mL
＜0.1	2.00	40	15
0.1～0.3	1.00	25	10
＞0.3～0.6	0.50	25	10
＞0.6～1.2	0.25	25	10
＞1.2～3.0	0.10	25	10

(2) 空白实验

随同试样进行空白实验，所用试剂应取自同一试剂瓶。

(3) 验证实验

随同试样分析同类型的标准样品。

(4) 试样的分解

将试样置于 250 mL 烧杯中，按表 3-13 加入盐酸（1.19 g/mL），在加热板低温区（60～100 ℃）加热 1 h。加入 5 mL 硝酸（1.42 g/mL），再按表 3-13 加入高氯酸，盖上表面皿，继续转至较高的温度区加热至产生浓厚的高氯酸白烟，保持烧杯壁上有稳定的酸回流约 5～10 min，取下冷却后，加 10 mL 盐酸（1.19 g/mL）、40 mL 热水。用中速定量滤纸过滤溶液，用热盐酸（1＋4）洗涤烧杯和残渣至无三氯化铁的黄色，再用热水洗至无氯离子（用硝酸银溶液检查），滤液和洗液收集于 300 mL 烧杯中，并加热浓缩，作为主液保存。

(5) 残渣的处理

滤纸连同残渣移入铂坩埚中，干燥并碳化，在 800 ℃左右灼烧 10～20 min 进行灰化；冷却，加几滴高氯酸润湿残渣，加 5 mL 氢氟酸；低温加热，蒸发至高氯酸白烟冒尽去除二氧化硅；冷却，加 3 g 碳酸钠；从 800 ℃升温至 900～950 ℃熔融至熔融物清亮；取出并摇动坩埚，使熔融物均匀附于坩埚壁；冷却后，置于 300 mL 烧杯中，加 50 mL 盐酸(1＋4)，加热浸取，并用热水洗出坩埚。

将残渣处理所得的溶液稀释至 100 mL，加 10 mL 三氯化铁溶液，搅拌下滴加氨水至溶液呈弱碱性(pH≈8)，从而沉淀析出氢氧化铁和磷酸铁，加热煮沸 2 min，取下静置。待沉淀下降，用快速滤纸过滤，用热水洗涤烧杯 4 次，冲洗沉淀 10～12 次，弃去滤液和洗液。

将主液烧杯接于漏斗下，用约 50 mL 热盐酸(1＋4)分次溶解烧杯和漏斗中的沉淀，并洗至无三氯化铁的黄色，弃去滤纸。滤液加热至产生浓厚的高氯酸白烟，盖上表面皿，保持烧杯壁上有稳定的酸回流约 2～3 min，取下冷却，加约 50 mL 热水，溶解可溶盐类。移入 500 mL 锥形瓶中，用水稀释至约 80 mL，冷却至室温。

(6) 沉淀

加氨水，直至在摇动或搅拌后仍有少量氢氧化铁沉淀存在，再滴加硝酸至沉淀刚好溶解并过量 5 mL。加 10 mL 硝酸铵溶液、100 mL 钼酸铵溶液，将锥形瓶浸入 50 ℃水浴中 15 min，取出，加塞剧烈摇动 3 min，室温静置 2 h，使磷钼酸铵沉淀完全(磷含量较低时，需静置过夜)。

将沉淀用铺有一定厚度纸浆(约相当于一张半 11 cm 定量滤纸)的漏斗进行减压过滤，用硝酸洗锥形瓶 3～4 次，沉淀 2～3 次(用约 60 mL 洗涤液)。然后，用去二氧化碳水洗锥形瓶和沉淀至无游离酸(收集 5 mL 洗涤液，加 1 滴酚酞溶液、1 滴氢氧化钠标准滴定溶液至浅红色不消失)。

(7) 滴定

将沉淀连同滤纸浆一并放回原锥形瓶中，加 100 mL 去二氧化碳水，摇动锥形瓶使纸浆散开，准确加入氢氧化钠标准滴定溶液，充分摇动，使黄色沉淀溶解，并过量 5～10 mL，加 3～4滴酚酞溶液，用硝酸标准滴定溶液至红色恰好消失为终点。

4. 数据处理

磷含量以质量分数 W_P(%)计，按下式计算：

$$W_P = \frac{(c_1 \times V_1 - c_2 \times V_2) \times 1.291}{m_0 \times 1\,000} \times 100 \tag{3-13}$$

$$W_{P_2O_5} = W_P \times 2.292 \tag{3-14}$$

式中 c_1——氢氧化钠标准滴定溶液的浓度，mol/L；

V_1——加入氢氧化钠标准滴定溶液的体积，mL；

c_2——硝酸标准滴定溶液的浓度，mol/L；

V_2——消耗硝酸标准滴定溶液的体积，mL；

m_0——称取试样的质量，g；

$W_{P_2O_5}$——P_2O_5 含量(质量分数)，%；

1.291——1/24 磷的摩尔质量，g/mol；

2.292——P 换算成 P_2O_5 的系数。

二、铋磷钼蓝光度法

本方法显色条件范围较宽，易于掌握，有较高的灵敏度和准确度，适用于铁矿石、铁精矿、烧结矿及球团矿中 0.01%～0.50%磷含量的测定。

1. 实验原理

试样以盐酸、硝酸分解，氢氟酸除硅、高氯酸冒烟赶氟，磷被氧化成正磷酸。在硫酸(体积浓度 1%)介质中，磷与铋及钼酸铵形成黄色络合物，用抗坏血酸将铋磷钼黄还原为铋磷钼蓝，在分光光度计上于波长 810 nm 处测量吸光度。

2. 仪器及试剂配制

分光光度计：1 台。

盐酸硝酸混合酸：3＋1。

硫酸：1＋1。

硫代硫酸钠溶液：浓度 5 g/L。称取 0.5 g 硫代硫酸钠($Na_2S_2O_3 \cdot 5H_2O$)、1 g 亚硫酸钠(Na_2SO_3)，用水溶解，稀释至 100 mL。

铋溶液：浓度 5 g/L。称取 5 g 金属铋或 12 g 硝酸铋[$Bi(NO_3)_3 \cdot 5H_2O$]于烧杯中，加 25 mL 硝酸溶解，加 100 mL 水，煮沸驱尽氮氧化物，移入 1 000 mL 容量瓶中，用水稀释至刻度，混匀。

钼酸铵溶液：浓度 30 g/L。配制后如浑浊，应过滤后使用。

抗坏血酸溶液：浓度 20 g/L，当日配制。

磷贮备液：浓度 100 μg/mL。称取 0.219 6 g 预先在 105～110 ℃烘至恒重的磷酸二氢钾(KH_2PO_4 基准试剂)溶于适量水中，加 5 mL 硫酸(1＋1)，冷却至室温，移入 500 mL 容量瓶中，用水稀释至刻度，混匀。此溶液 1 mL 含 100 μg 磷。

磷标准溶液 A：浓度 10.0 μg/mL。分取 50.00 mL 磷贮备液于 500 mL 容量瓶中，用水稀释至刻度，混匀。此溶液 1 mL 含 10.0 μg 磷。

磷标准溶液 B：浓度 5.0 μg/mL。分取 25.00 mL 磷贮备液于 500 mL 容量瓶中，用水稀释至刻度，混匀。此溶液 1 mL 含 5.0 μg 磷。

3. 分析步骤

(1) 试样分解

称取 0.10～0.50 g 试样(含磷小于 0.1%时称取 0.50 g)，精确至 0.000 1 g。将试样置于聚四氟乙烯烧杯中，加 15 mL 盐酸-硝酸混合酸，加热溶解，滴加 1～2 mL 氢氟酸(视硅含量而定)。试样溶解后，加 5 mL 高氯酸，加热蒸发至冒高氯酸白烟 3～4 min，取下，用水吹洗杯壁，并继续蒸发至湿盐状。取下稍冷，加 20 mL 硫酸(1＋1)、20 mL 水，加热溶解盐类，冷却至室温。移至 100 mL 容量瓶中，用水稀释至刻度，混匀。

(2) 空白实验

随同试样进行空白实验，所用试剂应取自同一试剂瓶。

(3) 显色

取 10.00 mL 试样溶液 2 份，分别置于 50 mL 容量瓶中。

显色液：于一份试液中，加 1 mL 硫代硫酸钠溶液(5 g/L)、2 mL 铋溶液(5 g/L)、5 mL 钼酸铵溶液(30 g/L)，每加一种试剂必须立即混匀。用水吹洗瓶口及瓶壁，使体积约为 30 mL，混匀。加 5 mL 抗坏血酸溶液(20 g/L)，用水稀释至刻度，混匀。

参比溶液：于另一份试液中，除不加钼酸铵溶液(30 g/L)外，其余同显色液操作步骤。用水稀释至刻度，混匀。

放置 5～10 min(室温 15 ℃左右放置 10 min)。

(4) 吸光度测量

在分光光度计上，用 2 cm 吸收皿于波长 810 nm 处，以参比溶液为参比，测量吸光度，减去空白实验溶液的吸光度，从工作曲线上查出相应磷的质量。

(5) 工作曲线的绘制

分取 0.00、0.50 mL、1.00 mL、2.00 mL、3.00 mL、4.00 mL 和 5.00 mL 磷标准溶液[含磷质量分数小于 0.05%的试样为磷标准溶液 B(5.0 μg/mL)，含磷质量分数大于 0.05 %的试样为磷标准溶液 A(10.0 μg/mL)]分别置于 50 mL 容量瓶中，加 2 mL 硫酸(1+1)、2.0 mL 硝酸铋溶液(5 g/L)、5 mL 钼酸铵溶液(30 g/L)，每加一种试剂必须立即混匀。用水吹洗瓶口及瓶壁，使体积约为 30 mL，混匀。加 5 mL 抗坏血酸溶液(20 g/L)，用水稀释至刻度，混匀。

放置 5～10 min(室温 15 ℃左右放置 10 min)后，用 2 cm 比色皿，以水为参比，于波长 810 nm 处，测量其吸光度，减去未加磷标准溶液的吸光度。

以磷的质量为横坐标，吸光度为纵坐标，绘制工作曲线。

4. 数据处理

磷含量以质量分数 W_P(%)计，按下式计算：

$$W_P = \frac{m_1 \times V}{m \times V_1 \times 10^6} \times 100 \tag{3-15}$$

式中　V_1——分取试液的体积，mL；

V——试液总体积，mL；

m_1——由工作曲线查出的磷的质量，μg；

m——称取试样的质量，μg；

计算得到磷的含量后，五氧化二磷的含量可采用式(3-14)计算。

实验 13　铁矿石中硫含量的测定

根据铁矿石中硫含量的高低可以选择使用红外吸收法或硫酸钡重量法对矿样中硫含量进行测定。

一、火焰原子吸收分光光度法

该法适用于金属样品或矿石样品中 0.001%～2.00%硫含量的测定。

1. 实验原理

在助熔剂存在下，向高频感应炉内通入氧气流，使试样在高温下燃烧，硫生成二氧化硫气体，由氧气输送进入红外吸收池，仪器可自动测量其对红外能的吸收，然后计算和显示结果。

2. 仪器与试剂

高频红外气体分析仪 1 台。

助熔剂：低碳低硫钨粒、锡粒、纯铁。

净化剂和催化剂：无水过氯酸镁、烧碱石棉、玻璃棉、脱脂棉、镀铂硅胶。

载气：氧气含量≥99.5%。

陶瓷坩埚：直径为 24 mm，使用前应在温度高于 1 100 ℃的氧气流中灼烧 1～1.5 h，取出，置于备有烧碱石棉的干燥器内冷却备用。

标准钢样（或矿石标样）：选择硫含量大于被测试样的合格的标准钢样或矿石标样。

标准钢样（或纯铁标样）：选择硫含量约 0.002%的合格的标准钢样或纯铁标样。

3. 分析步骤

（1）稳定仪器

按仪器说明书的要求通氧送电，通过燃烧几个与被测试样类似的试样来调整和稳定仪器，让仪器通入氧气循环几次，再将空白调至零。

（2）校准仪器

选择合适的硫标准钢样或矿石标样（硫含量大于被测试样）。称取适量（通常是 0.100～0.200 g）标样于已预烧过的坩埚中，加入一定数量的助熔剂，将坩埚放到炉子的支座上并升到燃烧位置，按仪器说明书“自动”校正步骤进行操作，反复操作 2～3 个标样，通过“自动”校准步骤，直至标准样品中硫的结果稳定在误差范围内为止。

（3）空白实验

称取 1.000 g 低硫（约 0.002%）标样于已预烧过的坩埚中，加入一定数量的助熔剂，将坩埚放到炉子的支座上并升至燃烧位置，按仪器说明书中“自动”校正空白步骤进行操作，重复操作 3～5 次，可测出一个重现性较好的平均结果。通过“自动”校正空白的方式，扣除标准钢样或纯铁标样中硫含量后，将测出的空白值贮存于计算机内（当试样硫含量大于 0.001%时，空白值应小于 0.001%）。空白值确定后，按校准仪器步骤再重复一次标准钢样或矿石标样的测定，结果应稳定在误差范围内，再选择一个与被测试样硫含量相当的标样进行复验。

（4）试样测定

称取 0.100～0.200 g 试样置于已预烧过的坩埚中，加入与做标准样品和空白校正时相当的助熔剂（通常为 1 g 纯铁、2 g 钨粒），将坩埚放到炉子的支座上并升到燃烧位置，按仪器说明书中“自动”分析步骤操作，仪器自动扣除空白值后显示并打印硫的含量。

（5）测定

警告：应按照原子吸收分光光度计的使用规定点燃或熄灭空气-乙炔火焰，以避免可能引起的爆炸危险。

用原子吸收分光光度计，参照仪器工作条件，调整仪器参数至最佳状态。分别测量校准系列溶液和试样溶液的吸光度值，同时进行空白实验溶液和验证实验溶液的测定。

4. 注意事项

（1）当试样中硫含量大于 0.01%时，不必考虑空白值，“校正空白”步骤可省略。

（2）要经常清扫燃烧区，勤换石英管，否则测量结果不稳定。

（3）使用电子天平应注意校准，应经常注意系统常数和监视器常数的变化，以判断仪器是否处在正常工作状态。

（4）净化气体用的试剂要及时更换。

（5）一般的铜、铅、锌矿石试样应加 2 g 钨（或 2 g 钨＋0.2 g 锡）做助熔剂；对焦炭、石墨等非金属试样应加 2 g 钨和 0.5 g 铁做助熔剂；特殊试样应选择合适的助熔剂。

二、硫酸钡重量法

该法适用于铁矿石、铁精矿、烧结矿和球团矿样品中 0.030%～5.00%硫含量的测定。

1. 实验原理

本法基于用碳酸钠-氧化锌半熔分解，将试样中的全部硫转化成可溶性硫酸盐，在电磁搅拌下用水浸出硫酸根离子，过滤除去氢氧化物、碳酸盐等沉淀。滤液在稀盐酸溶液中，加入氯化钡，使硫酸根定量生成硫酸钡沉淀。灼烧，称量，根据硫酸钡的质量计算硫的含量。

2. 仪器与试剂配制

马弗炉，瓷坩埚(新的瓷坩埚在使用前加入 8 g 混合熔剂，于 790 ℃灼烧 1 h，冷却后倒掉混合熔剂，将坩埚洗净烘干备用)，可调速磁力搅拌器。

水：符合 GB/T 6682 规定的三级及三级以上蒸馏水或去离子水或与其纯度相当的水。

碳酸钙：分析纯。

碳酸钠-氧化锌混合熔剂：碳酸钠(研磨至粒度小于 125 μm)与氧化锌按质量比 3∶2 混匀。

氢氟酸：浓度 1.15 g/mL。

盐酸：1+1。

硫酸：1+1。

过氧化氢：30%(质量分数)。

无水乙醇：分析纯。

柠檬酸溶液：浓度 500 g/L。

碳酸钠溶液：浓度 20 g/L。

硝酸银溶液：浓度 10 g/L。取硝酸银 1 g 溶于水，稀释至 100 mL，保存于棕色玻璃瓶中。

氯化钡溶液：浓度 100 g/L。称取 100 g 氯化钡溶于适量水中，慢速定量滤纸过滤后用水稀释至 1 000 mL，混匀。

氯化钡-盐酸洗液：取 10 mL 氯化钡溶液，加 20 mL 盐酸溶液，用水稀释至 1 000 mL，混匀。

甲基橙指示剂溶液：浓度 1 g/L。

3. 分析步骤

(1) 根据试样中硫含量，按表 3-14 称取试样，精确至 0.000 1 g。

表 3-14　试样用量确定表

硫含量(质量分数)/%	试样量/g	预加的混合熔剂量/g
0.030～0.100	2.00	9.0
0.100～1.00	1.00	9.0
1.00～5.00	0.30	7.0

(2) 空白实验。随同试样进行空白实验，所用试剂应取自同一试剂瓶。

(3) 验证实验。随同试样分析同类型的标准样品。

（4）熔样浸取。将试样置于预先放有按表 3-14 规定量的混合溶剂的 30 mL 瓷坩埚中，加入 1 g 碳酸钙，混匀，再覆盖 1～2 g 混合溶剂，于 780 ℃±20 ℃马弗炉中熔融 60 min，取出稍冷后放入干燥器中。坩埚冷却后迅速将半熔产物转入 200 mL 烧杯中，立即加入 50 mL 水，并搅拌防止样品结块。坩埚中加 20 mL 水于电热板上微沸 5 min 后并入原液，并吹洗坩埚内壁 3～5 次，控制溶液总体积约 100 mL，置于磁力搅拌器上以 200 r/min 的速度搅拌 60 min。如溶液呈绿色或紫色时，加 1 mL 无水乙醇在沸水浴中加热至绿色消失。

注：为防止样品结块，坩埚在干燥器中的冷却时间越短越好，可根据经验在坩埚外壁不烫手时即可。

（5）分离。用中速滤纸过滤，沉淀尽可能留在原烧杯中，滤液收集于 300 mL 烧杯中，用热的碳酸钠溶液洗涤烧杯 4～5 次，洗涤沉淀 7～8 次。

（6）沉淀。向滤液中加入 4 mL 柠檬酸溶液，加入 2 滴甲基橙溶液，不断搅拌下，从杯口缓慢加入盐酸中和至溶液恰呈红色，加入 4 mL 盐酸，用水稀释至 300 mL（试样如含铬，此时应加入 8 滴过氧化氢），将溶液煮沸至无大气泡，取下。用水洗杯壁，在不断搅拌下，滴加 10 mL 热的氯化钡溶液，溶液在低温电热板上保温 2 h，取下，放置过夜。

用加少量滤纸浆的慢速定量滤纸过滤，沉淀用氯化钡-盐酸洗液清洗 2 次，再将沉淀洗至滤纸上，并用擦棒擦净烧杯，用温水洗至无氯离子，用硝酸银溶液检验。

（7）称量。将沉淀连同滤纸移入已恒重的铂坩埚中，低温灰化，于 500 ℃灼烧 10 min，再于约 800 ℃灼烧 20 min，冷却，加入 4 滴硫酸、2 mL 氢氟酸，低温蒸发至硫酸烟冒完，再于 800 ℃灼烧 30 min，取出置于干燥器中，冷却至室温后称重，重复灼烧至恒重。

（8）注意事项。

① 半熔温度不宜过高，因为大于 800 ℃时熔块不易浸取。

② 在灰化时应防止滤纸着火，并要保持空气流通，否则将会使部分硫酸钡还原导致结果偏低，同时沉淀带黑色或灰色。遇此情况可加入几滴硫酸润湿沉淀，小心加热去除硫酸，然后重新灼烧。

③ 灼烧的温度不应高于 850 ℃，否则将导致硫酸钡分解。

4. 数据处理

硫含量以质量分数 W_S(%)计，按下式计算：

$$W_S = \frac{(m_1 - m_2) - (m_3 - m_4)}{m_0} \times K_1 \times K_2 \times 100 \tag{3-16}$$

式中 m_1——铂坩埚和沉淀的质量，g；

m_2——铂坩埚的质量，g；

m_3——铂坩埚和空白实验沉淀的质量，g；

m_4——空白实验用铂坩埚的质量，g；

m_0——试样量，g；

K_1——硫酸钡换算成硫的换算系数，$K_1 = 0.137\ 4$；

K_2——由公式 $K_2 = \frac{100}{100 - A}$ 所得的换算系数（如使用预干燥试样则 $K_2 = 1$），A 是按照 GB 6730 测定得到的吸湿水质量分数（%）。

实验14　铁矿石中铁物相的测定

物相分析是指测定试样中，由同一元素所组成的不同化合物的含量百分率。物相分析的项目，应根据选矿工艺的要求和矿石组成的特点而定。对一般铁矿石而言，通常包括磁性铁、碳酸铁、硅酸铁、硫化铁、赤(褐)铁矿等五相。

(1) 磁性铁(mFe)系指具有强磁性的铁的氧化矿物，如磁铁矿、半假象磁铁矿等。

(2) 碳酸铁(CFe)系指菱铁矿、铁白云石以及其他一些含铁碳酸盐。

(3) 硅酸铁(SiFe)系指含铁的硅酸盐矿物。

(4) 铁的硫化物(SFe)系指磁黄铁矿、黄铁矿、黄铜矿、砷黄铁矿、镍黄铁矿等。

(5) 赤(褐)铁矿(OFe)。

一、磁性铁含量的测定

磁性铁系指比磁化系数大于 $3\ 000\times10^{-8}\ cm^3/g$ 的含铁矿物中的铁。用磁选法分离磁性铁与非磁性铁，测定磁性部分的全铁来确定磁性铁的含量，规定磁选用的磁块有效场强为(900±100) Oe。由于矿样粒度与矿物单体解离度密切相关，它将直接影响分析结果，因此规定分析试样的粒度为－74 μm。在规定磁场强度和矿样粒度的前提下，一般在样品分析中，不再考虑连生体的影响。

分析步骤：称取试样 0.200 0 g，置于培养皿或烧杯中，加入约 20 mL 水润湿，然后用戴有铜套的永久磁铁(隔套测得磁场强度为 900 Oe±100 Oe)，把磁性矿物吸出，用洗瓶淋洗磁铁，把吸附在上面的非磁性矿物冲掉。抽出磁铁，把磁性矿物放在另一培养皿或烧杯中。反复数次，直至把试样中的磁性矿物全部选出为止。必要时，对磁性矿物部分再反复磁选，尽可能除尽被夹带的非磁性矿物。将磁选所得到的磁性矿物转入锥形瓶中，加热浓缩至小体积，按测定全铁的方法测定铁，即为磁性铁中的铁。

磁选时要注意，把磁性矿物吸住后，勿用水直接冲洗，以免磁性铁被冲失。对严重氧化的磁铁矿石，磁选操作应十分仔细，以防被选上来的矿物损失。

二、硅酸铁含量的测定

盐酸-亚锡冷浸法：在室温下，当存在氯化亚锡和氯化钠时，浓盐酸能很快地溶解氧化铁矿物，而含铁硅酸盐矿物溶解不多，被保留在残渣中。

对含碳酸盐较少的试样，称取试样 0.100 0～2 000 g 于 250 mL 烧杯中，加入 25 mL 盐酸、0.5 g 氯化亚锡、2 g 氯化钠。在不时摇动下浸取 30 min，然后加入 30 mL 水稀释之，用中速滤纸(加纸浆)过滤，用 1%盐酸洗净烧杯和滤纸。残渣置于刚玉坩埚中灰化后，按常法测定全铁，即为硅酸铁。

铬铁矿、黄铁矿不溶解于此溶剂中。碳酸铁和钛铁矿不定量溶解。易溶硅酸盐如绿泥石、铁橄榄石、蛇纹石等溶解率较大，降低温度至 5～10 ℃能降低共溶解率。

对含碳酸铁较高的矿样，可先用氯化铵-邻菲罗啉混合溶液浸出碳酸铁后，残渣连同滤纸烘干，仍按上述步骤进行分析，但盐酸应加 30 mL。

三、碳酸铁含量的测定

碱溶化法：称取试样 0.200 0 g 于干燥的锥形瓶中，准确加入 10 mL 10%氢氧化钾溶液，摇匀，加盖表皿，置电炉上加热至微沸，并保持 4～5 min。取下，冷却至室温，加入 40 mL

水，40 mL 盐酸（1 mol/L），摇匀，加入硫磷混酸和二苯胺磺酸钠指示剂，用重铬酸钾溶液滴定亚铁，即为碳酸铁。本方法特别适用于菱铁矿含量高而铁白云石含量低的矿石，铁白云石在此条件下几乎不分解。

三氯化铝（$AlCl_3$）法：称取试样 0.100 0 g 于 250 mL 烧杯中，加入 100 mL 三氯化铝溶液（10%）、0.5 g 碳酸氢钠，加盖表皿，置于沸水浴中，在不时摇动下浸取 1 h，取出，流水冷却（发现严重混浊则用中速滤纸加纸浆过滤之）。加入硫磷混酸和二苯胺磺酸钠指示剂，用重铬酸钾溶液滴定亚铁，即为碳酸铁。

含磁黄铁矿较多时，可预先用磁选法分离之。试样含有高价锰矿物时，可预先用微酸性的亚硫酸钠溶液，在室温下浸取 20 min 以溶解高价锰的氧化物，过滤，残渣再用来测定碳酸铁。

四、黄铁矿含量的测定

盐酸-亚锡法：称取试样 0.200 0 g 于 250 mL 烧杯中，加入 0.5 g 氯化亚锡、1 g 氟化铵、40 mL 盐酸（1+1），置电炉上加热至沸，并保持微沸 30 min。取下，用中速滤纸过滤，用盐酸酸化的水洗涤烧杯和滤纸至无铁离子；残渣连同滤纸返回原烧杯，加入 40 mL 硝酸（10%），盖上表面皿，微沸 20～25 min，用快速滤纸滤入 100 mL 容量瓶中，用磺基水杨酸法测定铁，即为黄铁矿中铁。

本法对测定黄铁矿中铁有较好的效果。磁黄铁矿存在时，在第一步处理时被溶解；黄铜矿将部分保留而与黄铁矿一起被测定。可同时测定硝酸溶液中的铜，按黄铜矿（$CuFeS_2$）组成校正，每 1%铜相当于 0.88%铁。

五、褐铁矿含量的测定

差减法：赤褐铁＝ 全铁－（磁性铁＋碳酸铁＋硅酸铁＋硫化铁）

流程分析法：在系统流程分析中，在分离了碳酸铁、磁性铁以后，余下为硅酸铁、黄铁矿和赤褐铁。当用盐酸-亚锡冷浸法测定硅酸铁时，浸取液中的铁即为赤褐铁。

实验 15　铜矿石中铜含量的测定

根据矿样中铜含量的高低可以选择使用火焰原子吸收分光光度法和氯化铵-氨水分离碘量法对矿样中铜含量进行测定。

一、火焰原子吸收分光光度法

该法适用于铜含量在 0.001%～5%之间的铜矿石、铅矿石和锌矿石等。

1. 实验原理

试样经盐酸、硝酸、硫酸分解，在盐酸介质中，使用空气-乙炔火焰，于波长 324.7 nm 处，用原子吸收分光光度计测量吸光度，计算铜量。

2. 仪器及试剂配制

原子吸收分光光度计，附铜空心阴极灯。

盐酸：浓度 1.19 g/mL。

硝酸：浓度 1.42 g/mL。

盐酸：1+1。

硝酸：1＋1。

盐酸：5＋95。

铜标准溶液的配制：

(1) 铜标准储备溶液[c(Cu)＝1.00 mg/mL]：称取 0.500 0 g 金属铜(＞99.99％)，置于 250 mL 烧杯中，盖上表面皿，沿杯壁加入 10 mL 硝酸(1＋1)，微热，待全部溶解后，取下冷却，加水溶解铜盐，用水清洗表面皿，冷却后移入 500 mL 容量瓶中，用水稀释至刻度，摇匀。

(2) 铜标准溶液[c(Cu)＝100.0 μg/mL]：分取 25.00 mL 铜标准储备溶液，置于 250 mL 容量瓶中，用盐酸(5＋95)稀释至刻度，摇匀。

(3) 铜标准溶液[c(Cu) ＝20.0 μg/mL]：分取 50.00 mL 铜标准溶液[c(Cu)＝100.0 μg/mL]，置于 250 mL 容量瓶中，用盐酸(5＋95)稀释至刻度，摇匀。

3. 分析步骤

(1) 根据试样中铜含量，按表 3-15 称取试样量，精确至 0.1 mg。

表 3-15　试样用量确定表

铜含量/％	试样量/％	分取试液体积/mL
0.001～0.1	0.5	—
＞0.1～0.5	0.5	10.00
＞0.5～2	0.2	5.00
＞2～5	0.1	5.00

(2) 空白实验。随同试样进行双份空白实验，所用试剂应取自同一试剂瓶，加入同等的量。

(3) 验证实验。随同试样分析同矿种、含量相近的标准物质。

(4) 试样分解。

将试样置于 100 mL 烧杯中，加入适量水润湿，加入 15 mL 盐酸(浓度 1.19 g/mL)，盖上表面皿，置电热板上加热 15～20 min，加入 5 mL 硝酸(浓度 1.42 g/mL)，继续加热至试样分解完全(如有黑色残渣应加入数滴氢氟酸或少量氟化铵助溶)，用少量水冲洗表面皿，蒸发至干。

趁热加入 5 mL 盐酸(1＋1)溶解残渣，用水冲洗杯壁，继续加热至溶液清澈，冷却，移入 50 mL 容量瓶中，用水稀释至刻度，摇匀。

根据试样中铜含量，按表 3-15 分取试液，置于 50 mL 容量瓶中，用盐酸(5＋95)稀释至刻度，摇匀。

(5) 校准溶液系列配制。

分别取 0，1.00 mL，2.00 mL，3.00 mL，4.00 mL，5.00 mL，6.00 mL 铜标准溶液[c(Cu)＝100.0 μg/mL]或 0，0.50 mL，1.00 mL，2. 00 mL，3.00 mL，4.00 mL，5.00 mL 铜标准溶液[c(Cu) ＝20.0 μg/mL](视试样中铜含量而定)，分别置于一组 50 mL 容量瓶中，加入 5 mL 盐酸(1＋1)，用水稀释至刻度，摇匀。

(6) 测定。

注意：实验时，应按照原子吸收分光光度计的使用规定点燃或熄灭空气-乙炔火焰，以避免可能引起的爆炸危险。

用原子吸收分光光度计，参照仪器工作条件，调整仪器参数至最佳状态。分别测量校准系列溶液和试样溶液的吸光度值，同时进行空白实验溶液和验证实验溶液的测定。

(7) 校准曲线绘制。以铜量为横坐标，吸光度为纵坐标，绘制校准曲线，从校准曲线上得到相应的铜含量。

4. 数据处理

铜含量以质量分数 W_{Cu}(%)计，按下式计算：

$$W_{Cu}=\frac{(m_1-m_0)V\times 10^{-6}}{mV_1}\times 100 \tag{3-17}$$

式中 m_1——从校准曲线上得到分取试样溶液中的铜含量，μg；

m_2——从校准曲线上得到空白实验溶液中的铜含量，μg；

V——试样溶液总体积，mL；

m——试样量，g；

V_1——分取试样溶液体积，mL。

5. 铜含量测定的精密度

火焰原子吸收分光光度法测定铜含量的精密度见表 3-16。

表 3-16 火焰原子吸收分光光度法测定铜含量的精密度要求

元素	水平范围 m	重复性限 r	再现性限 R
Cu	0.005～1.73	r=0.000 8+0.056 5m	R=0.003 0+0.118 9m

注：精密度由 4 个实验室对 4 个水平的试样进行实验确定。

二、氯化铵-氨水分离碘量法

该法适用于铜含量在 0.05%～12.5%之间的铜矿石、铅矿石和锌矿石等。

1. 实验原理

试样经盐酸、硝酸分解，在大量氯化铵的存在下，用氨水小体积沉淀分离铁、锰等元素。用冰乙酸制备成 pH=3.5～4 的溶液，加入碘化钾与二价铜作用，析出的碘用淀粉作指示剂，用硫代硫酸钠标准溶液滴定铜量。

$$2Cu^{2+}+4I^{-}=\!=\!=2CuI+I_2$$

$$I_2+2S_2O_3{}^{2-}=\!=\!=2I^{-}+S_4O_6{}^{2-}$$

2. 试剂

氯化铵。

盐酸：浓度 1.19 g/mL。

硝酸：浓度 1.42 g/mL。

氨水：浓度 0.90 g/mL。

冰乙酸：浓度 1.05 g/mL。

氨水-氯化铵溶液：取 2 mL 氨水和 2 g 氯化铵用水溶解，稀释至 100 mL。

碘化钾溶液：浓度 500 g/L，用棕色瓶储存。

硫氰酸钾溶液：浓度 200 g/L。

淀粉溶液：浓度 10 g/L。

铜标准溶液[c(Cu) =1.00 mg/mL]：称取 0.500 0 g 金属铜(>99.99%)，置于 250 mL 烧杯中，盖上表面皿，沿杯壁加入 10 mL 硝酸，微热，待全部溶解后，取下冷却，加水溶解铜盐，用水冲洗表面皿，冷却后移入 500 mL 容量瓶中，用水稀释至刻度，摇匀。

硫代硫酸钠标准溶液[$c(Na_2S_2O_3 \cdot 5H_2O)$=2.5 g/L]的配制与标定：

① 配制：称取 2.5 g 硫代硫酸钠($Na_2S_2O_3 \cdot 5H_2O$)于 1 000 mL 刚煮沸并冷却的水中，加入 0.1 g 碳酸钠，摇匀，存储于棕色瓶中。

② 标定：分取 10.00 mL 铜标准溶液于 125 mL 三角瓶中，滴加氨水至蓝色刚出现，加入 4 mL 冰乙酸，摇匀。再加入 2 mL 碘化钾溶液，用硫代硫酸钠标准溶液滴定至淡黄色，加入 1 mL 淀粉溶液及 2 mL 硫氰酸钾溶液，继续滴定至蓝色消失即为终点。同时标定 3 份。硫代硫酸钠标准溶液对铜的滴定度 T 由下式计算：

$$T = \frac{c_B V_B}{V - V_0} \tag{3-18}$$

式中　T——硫代硫酸钠标准溶液对铜的滴定度，mg/mL；

c_B——铜标准溶液的浓度，mg/mL；

V_B——分取铜标准溶液的体积，mL；

V——滴定铜标准溶液所消耗的硫代硫酸钠标准溶液的平均体积，mL；

V_0——滴定空白实验溶液时所消耗的硫代硫酸钠标准溶液的体积，mL。

3. 分析步骤

(1) 根据试样中铜量，称取 0.2～1 g 试样，精确至 0.1 mg。

(2) 空白实验。随同试样进行双份空白实验，所用试剂应取自同一试剂瓶，加入同等的量。

(3) 验证实验。随同试样分析同矿种、含量相近的标准物质。

(4) 试样分解。将试样置于 125 mL 烧杯中，用适量水润湿，加入 8～12 mL 盐酸，在电热板上加热15～20 min，加入 3 mL 硝酸，继续加热至样品完全分解，浓缩至 2～3 mL。取下冷却，加入 5 g 氯化铵，用玻璃棒搅拌成砂粒状，加入 10 mL 氨水，搅拌均匀。

注 1：试样含硫高时，采用逆王水溶矿，待剧烈反应停止后，再加热分解，或在加入 3 mL 硝酸后，加入 0.2 g 氯酸钾，以避免单质硫的析出。

注 2：当试样含锰高时，加入 10 mL 饱和溴水，使锰形成四价水合锰沉淀，分离除去。

注 3：当试样含砷高时，加入氯化镁使砷生成砷酸铁镁沉淀与铜分离。否则，干扰铜的测定。

注 4：若样品未分解完全，再补加 5 mL 盐酸和 3 mL 硝酸。

用快速定性滤纸过滤，滤液用 250 mL 三角瓶承接，用氨水-氯化铵溶液洗涤烧杯和沉淀 10～12 次。将三角瓶移至电热板上蒸发至 30～40 mL。取下，加入 7 mL 冰乙酸，用少量水冲洗瓶壁，摇匀，冷却。

(5) 测定。在上述处理好的试液中加入 2 mL 碘化钾溶液，用硫代硫酸钠标准溶液滴定至淡黄色，加入 1 mL 淀粉溶液和 2 mL 碘化钾溶液，继续滴定至蓝色消失即为终点，同时滴定空白实验溶液。

4. 数据处理

铜含量以质量分数 W_{Cu}(%)计,按下式计算:

$$W_{Cu}=\frac{(V_1-V_0)T\times10^{-2}}{m}\times100 \tag{3-19}$$

式中 V_1——滴定试样溶液消耗硫代硫酸钠标准溶液的体积,mL;

V_0——滴定空白溶液消耗硫代硫酸钠标准溶液的体积,mL;

T——硫代硫酸钠标准溶液对铜的滴定度,mg/mL;

m——试样量,g。

5. 铜含量测定精密度

碘量法测定铜含量的精密度见表 3-17。

表 3-17 碘量法测定铜含量的精密度要求

元素	水平范围 m	重复性限 r	再现性限 R
Cu	0.08~12.7	$r=0.005m^{1.8402}$	$R=0.0098m^{1.9187}$

注:精密度由 7 个实验室对 6 个水平的试样进行实验确定。

实验 16 矿石中钛含量的测定

本实验采用酒石酸锑钾掩蔽钒-硫酸铁铵滴定法,其原理为加锑掩蔽,铝片将钛还原,再用硫酸铁铵滴定法测定钛含量。本方法适用于铁矿石、铁精矿、球团矿、烧结矿及钒钛矿中质量分数大于1%钛含量的测定。

一、实验原理

试样以过氧化钠烧结或熔融,浸取、酸化后,加 2 mg 锑将钒掩蔽。在盐酸介质中,加硫酸铵做保护剂,在隔绝空气的条件下,用铝片将四价钛还原为三价,用高价铁滴定三价钛。溶液中大量铁、铝存在无干扰,钒、铬、铜、钨、钼则干扰测定,钒干扰可加入酒石酸锑钾消除,其他干扰元素可用强碱分离除去。

二、实验试剂

酒石酸锑钾:分析纯。

过氧化钠:分析纯。

硫酸铵:分析纯。

硫酸:1+1、5+95。

盐酸:1+1。

锑溶液:浓度 1 mg/mL。称取 0.277 g 酒石酸锑钾溶解于 100 mL 水中,混匀。

铝片(箔):铝的质量分数≥99.9%,不含钛。

碳酸氢钠饱和溶液。

钛标准溶液:浓度 0.005 0 g/mL。称取 0.340 0 g 预先在 800 ℃左右灼烧 1 h 的二氧化钛(质量分数 99.9%以上),置于烧杯中,加 50 mL 硫酸、20 g 硫酸铵,盖上表面皿,于电炉上加热溶解至透明,取下冷至室温,用稀硫酸(5+95)移入 1 000 mL 容量瓶中,并稀释至刻度混匀，此溶液 1 mL 含 0.005 0 g 钛。

硫酸高铁铵标准溶液：浓度 0.01 mol/L。

① 配制：称取 3.91 g（根据钛含量不同可称取不同量，配制不同的浓度）硫酸高铁铵于烧杯中，加 100 mL 硫酸（1+1）加热溶解，滴加高锰酸钾溶液（40 g/L）至淡红色（氧化溶液中可能存在的二价铁），再用水稀释至 1 000 mL 混匀。

② 标定：分取 20.00 mL 钛标准溶液（浓度 0.005 0 g/mL）3 份，分别置于 500 mL 锥形瓶中，加 10 mL 硫酸（1+1）、30 mL 盐酸（1+1），用水稀释至 150 mL 左右，加入 5 g 硫酸铵和 2～3 g 铝片（预先折成小块），反盖一坩埚盖，低温加热，待作用开始，停止加热，并不断轻轻摇动至铝片将溶解完时，再加热并煮沸至铝片完全溶解并冒大气泡，取下坩埚盖，立即盖上盛有碳酸氢钠饱和溶液的盖氏漏斗，流水冷却至室温，取下漏斗，立即加入 2 g 碳酸氢钠，用硫酸高铁铵标准溶液滴定至近终点时，加 10 mL 硫氰酸铵溶液（400 g/L），继续滴定至稳定的红色为终点。注：也可用与试样钛含量近似的标准样品标定。按下式计算单位体积硫酸高铁铵标准溶液相当于钛的含量：

$$T = \frac{c \times V}{V_1} \tag{3-20}$$

式中　T——单位体积硫酸高铁铵标准溶液相当于钛的质量，g/mL；

c——钛标准溶液的浓度，g/mL；

V——分取钛标准溶液的体积，mL；

V_1——滴定钛标准溶液消耗硫酸高铁铵标准溶液的平均体积，mL。

三、实验步骤

(1) 称样。称取 0.25～0.50 g 试样，精确至 0.000 2 g（根据钛含量而定）。

(2) 空白实验。

(3) 试样处理。将称取的试样置于预先盛有 5 g 过氧化钠的铁坩埚中，混匀，盖上 1～2 g 过氧化钠，于 600～700 ℃高温炉中烧结或熔融，取出冷却至室温。用水洗净坩埚外壁，放入 300 mL 烧杯中，加 100 ℃热水浸取熔块，用水洗出坩埚，移入 500 mL 锥形瓶中。

(4) 测定。向溶液里加 10 mL 硫酸（1+1）和 40～50 mL 盐酸（1+1），煮沸 5～10 min 加水稀释至 150 mL 左右，加 2～3 g 硫酸铵和 2～3 g 铝片（预先折成小块），瓶口反盖一瓷坩埚盖，低温加热至铝片开始作用，不断轻轻摇动，待铝片将溶解完时，加热煮沸至出现大气泡，取下坩埚盖，立即盖上盛有碳酸氢钠饱和溶液的盖氏漏斗，流水冷却至室温，取下漏斗，立即加入 1～2 g 碳酸氢钠，用硫酸高铁铵标准溶液滴定至近终点时（紫色近消失时），加入 10 mL 硫氰酸铵溶液（400 g/L），继续滴定至稳定的红色为终点。

四、实验结果计算

钛含量以质量分数 W_{Ti}（%）按下式计算：

$$W_{Ti} = \frac{T \times (V_2 - V_0)}{m} \times 100 \tag{3-21}$$

式中　T——单位体积硫酸高铁铵标准溶液相当于钛的质量，g/mL；

V_2——滴定试样溶液消耗硫酸高铁铵标准溶液的体积，mL；

V_0——滴定空白溶液消耗硫酸高铁铵标准溶液的体积，mL；

m——称取试样的质量，g。

实验 17　活性炭吸附-碘量法测定金矿石中金含量

金的测定方法很多，它们各具有特点且应用广泛，如常用的滴定法、吸光光度法、原子吸收法、催化动力学法、极谱法、离子选择电极法、化学发光法、荧光光度法、发射光谱法、中子活化法、纸色层法、X 射线荧光法和库仑法等。下面主要介绍活性炭吸附-碘量法，此方法适用于浮选原矿、精矿、尾矿、氰化精矿、氰化渣、滤饼等含金矿物中金含量的分析，锌粉置换的金泥、含金较低的粗金等也可应用本法测定。

一、实验原理

矿样经王水分解后，于酸性溶液中金以氯金酸状态被活性炭吸附，与大量干扰元素分离。富集金的活性炭，经灼烧除去炭质，残留金再以王水溶解蒸干。在 pH 值 3～4 的乙酸介质中，以碘化钾还原三价金为一价金析出相当量的碘，以淀粉为指示剂，用硫代硫酸钠标准溶液滴定碘，间接测得金的含量。

$$AuCl_3 + 3KI \xlongequal{} AuI + I_2 + 3KCl$$

$$I_2 + 2Na_2S_2O_3 \xlongequal{} Na_2S_4O_6 + 2NaI$$

少量铜、铁、二氧化硅亦被活性炭吸附，可用盐酸和氟化氢铵稀溶液洗涤，少量残留的铜、铁等用 EDTA 和氟化氢铵掩蔽消除其干扰。

$$Cu^{2+} + H_2Y^{2-} \xlongequal{} CuY^{2-} + 2H^+$$

$$Fe^{3+} + 6F^- \xlongequal{} FeF_6^{3-}$$

二、试剂及其配制

盐酸：浓度 1.19 g/mL。

硝酸：浓度 1.42 g/mL。

王水：1∶3∶4。一份硝酸和三份盐酸混合以水稀释一倍。

逆王水：1∶3∶4。一份盐酸和三份硝酸混合以水稀释一倍。

乙酸：7%溶液。

氯化钠：25%溶液。

氟化氢铵：2%溶液。

碘化钾。

淀粉：1%溶液。

EDTA：2%溶液。

活性炭：二级或三级品，粒度应小于 200 目，必要时应过筛再用。活性炭处理方法：将活性炭浸入 2%氟化氢铵溶液 3 d 以上，减压过滤，用 2%盐酸溶液洗涤 5～6 次，再用水洗涤 5～6次，烘干备用。

纸浆：用大张定性滤纸制备。

金标准溶液：称取纯金(99.999%)0.100 0 g 于 100 mL 烧杯中，加王水 5～10 mL，在水浴上加热溶解，加入 25%氯化钠 0.5 mL，继续在水浴上蒸干至无酸味，取下稍冷，每次加盐酸 1 mL，反复在水浴上蒸干 2～3 次，加盐酸 10 mL，温热使盐类溶解后，移入 1 000 mL 容量瓶中，以水稀释至标线，摇匀。此溶液含金 0.000 1 g/mL。

硫代硫酸钠($Na_2S_2O_3 \cdot 5H_2O$)标准溶液：称取硫代硫酸钠 25 g 溶于新煮沸并放冷的蒸

馏水中，加入碳酸钠 0.5 g，以新煮沸并冷却的蒸馏水稀释至 10 L，摇匀。此溶液每毫升约相当于 0.001 g 金。

分别取金标准溶液和硫代硫酸钠溶液 30 mL 和 100 mL 于两个 1 000 mL 容量瓶中，各加入碳酸钠 0.1 g，用新煮沸并冷却的蒸馏水稀释至标线，摇匀。这两种溶液每毫升分别约相当于 0.000 03 g 和 0.000 1 g 金。配制好放置一周后使用。

标定：准确吸取金标准溶液 5～10 mL 于 50 mL 瓷坩埚中，加冰乙酸 2～3 滴和碘化钾 0.2 g，以硫代硫酸钠标准溶液滴定至淡黄色，加入淀粉溶液 0.5 mL，继续滴定至溶液蓝色消失为终点。按下式计算硫代硫酸钠标准溶液对金的滴定度：

$$T = \frac{c \times V_0}{V} \tag{3-22}$$

式中　T——硫代硫酸钠标准溶液对金的滴定度，g/mL；

c——吸取金标准溶液的浓度，g/mL；

V_0——吸取金标准溶液的体积，mL；

V——标定时消耗硫代硫酸钠标准溶液的体积，mL。

三、分析步骤

称取试样 0.2～50.0 g（视含量而定，一般情况下金泥称取 0.2 g、精矿称取 10～15 g、原矿称取 30 g、尾矿称取 50 g）于 400 mL 烧杯中，用少量水润湿，加王水 100～150 mL 溶解；含硫高未经灼烧的试样，先分次加入逆王水并不断摇动，待激烈反应停止后，再加入王水 100～150 mL（总体积不超过 200 mL），于电炉上加热，保持溶液微沸状态，溶解 40～60 min（在溶解过程中，要不时地摇动烧杯），当体积蒸至 30～40 mL 左右取下（含硅高的试样，可加 1%动物胶溶液 20 mL 摇匀），用热水洗净表面皿及杯壁，并用热水稀释至体积 200～250 mL，搅拌使可溶性盐溶解，然后放置。待溶液冷却到 40～50 ℃时过滤吸附。

先将带有活动滤板的吸附柱安装在抽滤筒上，倒入纸浆，抽干后厚度约 3 mm 左右时，加入混有 0.5～1.0 g 活性炭的纸浆，用水洗净吸附柱内壁黏附的活性炭，抽干后再加入少许纸浆，使抽干后的总厚度为 8～12 mm（如含金量较高厚度则应增加至 10～14 mm），再把吸附柱内的吸附层压平，并与吸附柱壁贴紧。于吸附柱上端装上布氏漏斗，漏斗中加一张定性滤纸，用水润湿，加入少许纸浆，封住滤纸边缘缝隙。调整抽滤速度，使吸附柱内有水柱存在。

将待抽滤的试样溶液同残渣慢慢注入布氏漏斗中，进行过滤和吸附。以温度为 40～50 ℃的 2%盐酸将沉淀全部移入布氏漏斗中，并洗净烧杯，然后洗涤残渣 6～8 次，抽干后取下布氏漏斗。用温热的 2%氟化氢铵溶液洗涤活性炭层 4～5 次，再用温热的 2%盐酸洗 4～5 次，最后用温水洗 8～10 次。

拉下真空泵刀闸开关停止抽滤，取下吸附柱，用玻璃棒把活性炭纸浆取出，放入 50 mL 瓷坩埚中，用小块滤纸擦净吸附柱内壁上附着的少量炭粉放入坩埚内。于电炉上灰化后，移入预先升温至 700～750 ℃的高温电炉中，稍开炉门的条件下，进行彻底灰化，取出坩埚冷却，加 25%氯化钠溶液 3～4 滴，沿坩埚壁加入王水 1～2 mL，于水浴上溶解，并蒸干至无酸味，取下稍冷，加入盐酸约 1 mL，继续蒸发至无酸味，并重复一次。取下，趁热加 7%乙酸 3～5 mL，溶解盐类。待冷却至室温，加入氟化氢铵约 0.1 g，摇动待铁络合后，加 2%EDTA 溶液 5 滴和碘化钾 0.2～0.5 g 摇匀。以硫代硫酸钠标准溶液滴定至微黄色，加入淀粉溶液

0.5 mL,继续滴定至蓝色消失为终点。

四、数据处理

金量以 W_{Au}(g/t)计,按下式计算:

$$W_{Au}=\frac{T\times V}{m} \tag{3-23}$$

式中 T——硫代硫酸钠标准溶液对金的滴定度,μg/mL;

V——滴定时消耗硫代硫酸钠标准溶液的体积,mL;

m——称取试样的质量,g。

五、注意事项

(1) 对含硫较高或含碳、砷的矿物可按以下方法处理:称取试样 20.0~30.0 g 于 125 mL 瓷皿中,把试样整平放入高温炉中,从低温升至 600~650 ℃,在稍开炉门的条件下,保持 1~2 h(铅精矿和铜精矿试样,在灼烧过程中应搅拌 2~3 次,免于结块)。取出冷却,移入烧杯中加王水 100~150 mL,以下操作与分析步骤相同。

如果试样含铁也较高时,经灼烧后的试样先加盐酸 30~40 mL 于电炉上加热几分钟,使氧化铁溶解后,再加王水 100~150 mL 分解矿样。

(2) 实验证明:活性炭定量吸附金的酸度范围是盐酸 1~6 mol/L,王水 10%~30%。溶样时控制总体积在 30~40 mL,再经稀释后可保证其酸度在活性炭定量吸附金的范围内。

(3) 活性炭的用量,应视矿样含金的多少而定。一般金量小于 5 mg,有 0.5~0.8 g 活性炭已足够,含活性炭的纸浆层厚度 6~8 mm(一般 20~30 mL 纸浆含 1 g 活性炭),总厚度 10~13 mm。当含金量高则活性炭用量要相应增加,必要时要增加到 0.5~2 g,但不能过多,否则会造成过滤慢、干扰元素洗不净及不容易灰化等后果。

(4) 过滤时吸附柱内应保持有液面存在,防止溶液从局部通过,对金吸附不完全。

(5) 取下布氏漏斗的瞬间,由于内压的突变,会导致吸附柱内活性炭层的蹦跳,为防止上述现象,可先用铁钉把漏斗中滤纸划破,再取漏斗。

(6) 坩埚在使用前应进行检查,有腐蚀严重的应换掉,否则会导致分析结果偏低。

(7) 灰化时,速度要缓慢,严禁着火,否则分析结果偏低。

(8) 活性炭经灰化灼烧后应无黑色残渣,灰分应是紫色而不是红色,出现红色表示铁没有洗净,紫色越深金含量越高。

(9) 焙烧后向坩埚内加入氯化钠溶液和王水,置于水浴上溶解蒸发,使金保持氯金酸盐状态。两次加盐酸蒸至近干,是为了赶尽氮的氧化物,以免影响滴定终点。蒸发时不能过干,否则会因时间长,温度过高,使三氯化金分解成一价金或单体金,使结果偏低。同时活性炭带入的铁盐,转化为红色的氧化铁,此氧化铁不能被氟化氢铵络合而掩蔽,会影响终点的观察。如果蒸至有红色氧化铁出现,可再加入盐酸重新蒸发至无酸味,这不影响终点的观察,但有可能使结果偏低。

(10) 铜、铅含量高时,加入 EDTA 的量可以适当增加,但应在临滴定前加入。加入后立即滴定,不能久放,因 EDTA 是弱还原剂,放时间过久,会使金(Ⅲ)还原,导致结果偏低,偏低程度与试剂加入量和放置时间有关系。对 1 mg 金加入 0.5~1.0 mL 2%的 EDTA 在 0.5 min内没有影响。加入 20 mg EDTA 掩蔽 1 mg 铜时溶液呈现绿色,虽然不会影响终点判断,但应注意观察。

(11) 铅、铋的存在会使溶液出现黄色，需提前加入淀粉指示剂。0.3 g 氟化氢铵可掩蔽 50 mg 的铁，并能使铅生成白色氟化铅沉淀。

实验 18　煤灰分的测定

一、实验目的

通过本实验掌握煤灰分的测定方法，为煤炭分选工艺及效果评价提供数据支持。

二、实验原理

将装有煤样的灰皿由炉外逐渐送入预先加热至 850 ℃±10 ℃的马弗炉中灰化并灼烧至质量恒定，以残留物的质量占煤样的质量分数作为煤样的灰分。

三、实验药品及仪器

(1) 马弗炉 1 台，炉膛具有足够的恒温区，能保持温度在 850 ℃±10 ℃，炉后膛的上部带有直径为 25～30 mm 的烟囱，下部离炉膛底 20～30 mm 处有一个插热电偶的小孔，炉门上有一个直径为 20 mm 的通气孔。

(2) 灰皿 12 个，瓷质，长方形，底长 45 mm，底宽 22 mm，高 14 mm。

(3) 干燥器 1 个，内装变色硅胶或粒状无水氯化钙。

(4) 分析天平 1 台，感量 0.1 mg。

(5) 耐热瓷板或石棉板。

四、实验步骤

(1) 制样：为保证测灰过程中煤炭燃烧充分，避免煤炭颗粒爆裂，需要将煤样预先粉碎至 0.2 mm 以下。

(2) 称量：用预先灼烧至质量恒定的灰皿，称取粒度为 0.2 mm 以下的空气干燥煤样 1 g±0.1 g，精确至 0.000 2 g，均匀地摊平在灰皿中，使其每平方厘米的质量不超过 0.15 g。

(3) 放样：将灰皿送入温度不超过 100 ℃的马弗炉中，关上炉门并使炉门留有 15 mm 左右的缝隙。在不少于 30 min 的时间内将炉温缓慢升至约 500 ℃，并在此温度下保持 30 min。继续升到 815 ℃±10 ℃，并在此温度下灼烧 1 h。

(4) 降温：从炉中取出灰皿，放在耐热瓷板或石棉板上，在空气中冷却 5 min 左右，移入干燥器中冷却至室温(约 20 min)后，称量。

(5) 检查性灼烧：温度为 815 ℃±10 ℃，每次 20 min，直到连续两次灼烧后的质量变化不超过 0.001 0 g 为止，以最后一次灼烧后的质量为计算依据。如果遇到检查性灼烧时结果不稳定，应改用缓慢灰化法重新测定，灰分低于 15.00%时，不必进行检查性灼烧。

(6) 结果计算。空气干燥煤样的灰分按下式计算：

$$A_{ad} = \frac{m_1}{m} \times 100 \tag{3-24}$$

式中　A_{ad}——空气干燥煤样的灰分，%；

m——称取的一般分析实验煤样的质量，g；

m_1——灼烧后残留物的质量，g；

将实验数据及处理结果记录于表 3-18 中。

(7) 灰分测定的精密度。灰分测定的重复性和再现性如表 3-19 规定。

表 3-18　煤的灰分参数测定数据记录表

<table>
<tr><td>检验环境温度/℃</td><td colspan="2"></td><td colspan="2">检验环境相对湿度/%</td><td colspan="2"></td></tr>
<tr><td rowspan="2">坩埚(称量瓶)质量
G_1/g</td><td rowspan="2">样品质量
G/g</td><td rowspan="2">灼烧后总质量
G_2/g</td><td colspan="2">A_{ad}/%</td><td rowspan="2">A_d/%</td><td rowspan="2">A_{daf}/%</td></tr>
<tr><td>结果</td><td>平均</td></tr>
<tr><td></td><td></td><td></td><td></td><td rowspan="2"></td><td rowspan="2"></td><td rowspan="2"></td></tr>
<tr><td></td><td></td><td></td><td></td></tr>
<tr><td>参考公式</td><td colspan="6">$A_{ad}=\frac{G_2-G_1}{G}\times 100$　$A_d=A_{ad}\times\frac{100}{100-M_{ad}}$　$A_{daf}=A_{ad}\times\frac{100}{100-M_{ad}-A_{ad}}$</td></tr>
</table>

表 3-19　灰分测定的精密度要求

灰分/%	重复性限/%	再现性临界差/%
＜15.00	0.20	0.30
15.00～30.00	0.30	0.50
＞30.00	0.50	0.70

五、注意事项

(1) 进行煤的灰分分析参数测定时所需煤样一般不能少于 2.0 kg。

(2) 在实验中必须使用同一台分析天平称重,不能在实验过程中随意更换称重仪器。

实验 19　煤挥发分的测定

一、实验目的

通过本实验掌握挥发分测定的原理及方法,为煤炭分选工艺及效果提供数据支持。

二、实验原理

称取一定质量的一般分析实验煤样,放在带盖的瓷坩埚中,在 900 ℃±10 ℃温度下,隔绝空气加热 7 min,以减少的质量占煤样质量的百分数,减去该煤样水分含量作为煤样的挥发分。

三、实验药品及仪器

(1) 挥发坩埚 12 个,带有配合严密盖的坩埚,坩埚总质量为 15～20 g。

(2) 马弗炉 1 台,带有高温计和调温装置,有足够恒温区,能保持温度在 900 ℃±10 ℃。炉子的热容量为当起始温度为 920 ℃时,放入室温下的坩埚架和若干坩埚,关闭炉门后,在 3 min 内恢复到 900 ℃±10 ℃。炉后壁有一个排气孔和插热电偶的小孔,小孔的位置应使热电偶插入炉内后,其热接点在坩埚底和炉底之间,距炉底 20～30 mm 处。

(3) 坩埚架 2 个,用镍铬丝或其他耐热金属丝制成。其规格尺寸为能使所有的坩埚都在马弗炉恒温区内，并且坩埚底部紧邻热电偶接点上方。

(4) 干燥器 1 个，内装变色硅胶或粒状无水氯化钙。

(5) 电子天平 1 台，感量 0.1 mg。

(6) 压饼机 1 台，为螺旋式或杠杆式压饼机，能压制直径约 10 mm 的煤饼。

(7) 坩埚钳 1 个。

(8) 秒表 2 个。

四、实验步骤

(1) 在预先于 900 ℃温度下灼烧至质量恒重的带盖瓷坩埚中，称取粒度小于 0.2 mm 的空气干燥煤样 1 g±0.01 g(称准至 0.000 2 g)，然后轻轻振动坩埚，使煤样摊平，盖上盖，放在坩埚架上。

(2) 褐煤和长焰煤应预先压饼，并切成约 3 mm 的小块。

(3) 将马弗炉预先加热至 920 ℃左右，打开炉门，迅速将放有坩埚的架子送入恒温区，立即关上炉门并计时，准确加热 7 min。坩埚及架子放入后，要求炉温在 3 min 内恢复至 900 ℃±10 ℃，此后保持在 900 ℃±10 ℃，否则此次实验作废。加热时间包括温度恢复时间在内。

(4) 从炉中取出坩埚，放在空气中冷却 5 min 左右，移入干燥器中冷却至室温(约 20 min)后称重。

五、分析计算

空气干燥煤样的挥发分按下式计算：

$$V_{ad} = \frac{m_1}{m} \times 100 \tag{3-25}$$

式中　V_{ad}——空气干燥基的挥发分，%；

m——实验煤样的质量，g；

m_1——煤样加热后减少的质量，g。

六、挥发分测定的精密度

挥发分测定的重复性和再现性如表 3-20 规定。

表 3-20　挥发分测定的重复性和再现性规定

挥发分/%	重复性限/%	再现性临界差/%
<20.00	0.30	0.50
20.00～40.00	0.50	1.00
>40.00	0.80	1.50

实验 20　石墨中固定碳含量测定方法——间接定碳法

一、实验原理

间接定碳法亦称燃烧法，即测得试样的挥发分、灰分后，由总量中将它们减去，其差值为固定碳含量。本法适用于含碳量大于 50%的石墨产品。

二、挥发分测定(氮气保护法)

1. 方法提要

试样处于氮气流中,经高温灼烧,使其中的挥发性物质分解逸出,该灼烧失量即为挥发分。

2. 仪器设备及材料

天平:感量 0.1 mg。

烘箱或其他同等性能的仪器:工作温度为 105～110 ℃。

热解炉:带气路系统的方管炉(其工作流程见图 3-10)。

石英舟:装样量不小于 1 g。

氮气:高纯氮(纯度 99.995%)可直接使用;纯氮(纯度 99.9%)需经净化后使用。

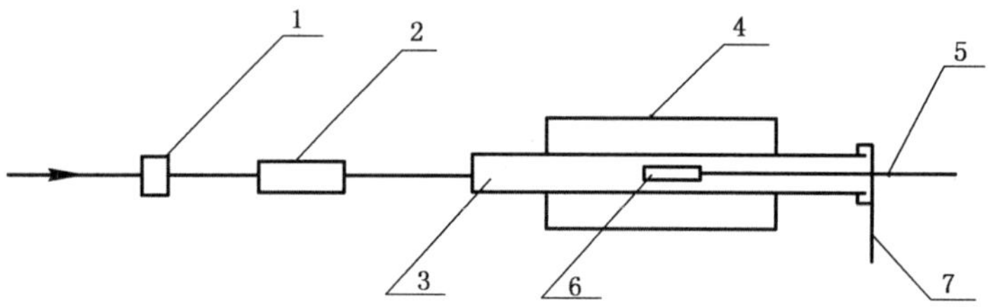

1—气体流量微调阀;2—流量计;3—方型石英管;4—热解炉;5—导样器;6—石英舟和托盘;7—炉口挡板。

图 3-10 热解炉系统流程图

3. 分析步骤

准确称取 0.5～1.0 g 经干燥的试样,精确到 0.1 mg,置于已恒重的石英舟中,将石英舟置于托盘中。固定碳含量大于等于 98%的石墨,将其放入已升温至 400 ℃±10 ℃的热解炉中,在此温度下恒温 1 h;固定碳含量小于 98%的石墨,将其放入已升温至 950 ℃±10 ℃并已通入稳定氮气流(约 200 mL/min)的热解炉炉口处,关上炉门,预热 1～2 min,将托盘推入高温带,开始计时。灼烧 7 min 后将托盘移至炉口,取样,稍冷 1～2 min 后,置于干燥器中冷却至室温,称量。

4. 结果计算

挥发分含量 ω_2(%)按下式计算:

$$\omega_2 = \frac{m - m_1}{m} \times 100 \tag{3-26}$$

式中 m——灼烧前干燥试样的质量,g;

m_1——灼烧后试样的质量,g。

三、灰分测定

1. 方法提要

试样经高温灼烧,使石墨和挥发物完全逸出后所得到的残余物,即为灰分。

2. 仪器设备及材料

天平:2 台,感量为 0.1 mg 和 0.01 mg。

烘箱或其他同等性能的仪器:工作温度为 105～110 ℃。

热解炉:带有气路系统的方管炉(见图 3-10)或箱式高温炉。

样舟：石英舟用于方管炉，方瓷舟用于箱式高温炉，装样量为 0.5～3 g。

3. 分析步骤

准确称取 0.3～1 g(高纯石墨称取 1～2 g)经干燥过的试样，精确到 0.1 mg(高纯石墨精确到 0.01 mg)置于已恒重的样舟中，将样舟放入已升温至 900～1 000 ℃的热解炉中，预热 1 min 后推入高温带，引入氧气流或空气流，灼烧至无黑色斑点，取出稍冷后置于干燥器中，冷却至室温，称量，再放入热解炉中灼烧 30 min(引入氧气流时灼烧 10 min)取出，冷却，称重。如此反复，直至恒重。

4. 结果计算

灰分以质量分数 ω_3(%)计，按下式计算：

$$\omega_3 = \frac{m_2}{m} \times 100 \tag{3-27}$$

式中　m——灼烧前干燥试样的质量，g；

m_2——灼烧后残余物的质量，g。

四、固定碳含量测定

1. 方法提要

测得试样的挥发分、灰分后，由总量中将它们减去，其差值为固定碳含量。

2. 结果计算

高、中、低碳石墨固定碳含量以质量分数 ω_4(%)计，按下式计算：

$$\omega_4 = 100 - \omega_2 - \omega_3 \tag{3-28}$$

式中　ω_2——挥发分，%；

ω_3——灰分，%。

高纯石墨固定碳含量以质量分数 ω_5(%)计，按下式计算：

$$\omega_5 = 100 - \omega_3 \tag{3-29}$$

式中　ω_3——灰分，%。

无挥发分要求的石墨，固定碳含量以质量分数 ω_6(%)计，按下式计算：

$$\omega_6 = 100 - \omega_3 \tag{3-30}$$

式中　ω_3——灰分，%。

实验 21　萤石矿中氟化钙含量的测定

一、实验目的

本实验采用中华人民共和国建材行业标准《非金属矿物和岩石化学分析方法 第 6 部分 萤石矿化学分析方法》(JC/T 1021.6—2007)提供的硼酸、盐酸提取 EDTA 容量法(标准法)对萤石中的氟化钙进行测定。该法测定范围：萤石含量＞5%。

二、实验原理

试样经含钙的乙酸溶液分解，分离碳酸钙和硫酸钙，残渣用硼酸、盐酸溶解，过滤或澄清，分取清液，用三乙醇胺掩蔽铁、铝，在 pH≥12 时，以钙黄绿素-酚酞为指示剂，用 EDTA 标准滴定溶液滴定氟化钙。

三、试剂配制

1. 试剂

盐酸:浓度 1.19 mg/mL。

硫酸:浓度 1+1。

三乙醇胺:1+2。

硼酸溶液:浓度 40 g/L。

氢氧化钾溶液:浓度 200 g/L,贮存于塑料瓶中。

含钙乙酸溶液:称取 5 g 碳酸钙置于 250 mL 烧杯中,盖上表面皿,加入 100 mL 乙酸(1+9),在水浴上加热溶解,用乙酸(1+9)转入 1 000 mL 容量瓶中并稀释至标线,摇匀。

氧化钙标准溶液:浓度 1.00 mg/mL。称取 1.784 8 g 经 150 ℃(±5 ℃)干燥 2 h 左右的碳酸钙于 400 mL 烧杯中,加 50 mL 水,盖上表面皿,从杯口缓慢滴入 20 mL 盐酸(1+1),加热使其全部溶解,取下冷却,移入 1 000 mL 容量瓶中,用水稀释至标线,摇匀。

EDTA 标准滴定溶液:

① 配制:称取 5.58 g 乙二胺四乙酸二钠盐,溶于水中,加热溶解,冷却后用水稀释至 1 000 mL,摇匀。

② 标定:移取 5～25 mL 氧化钙标准溶液于 250 mL 烧杯中,加水至 80 mL 左右,加入 8 mL 氢氧化钾溶液、适量的钙黄绿素-酚酞混合指示剂,以黑色为背景,用 EDTA 标准滴定溶液滴定至绿色荧光消失、红色出现为终点。

③ EDTA 标准滴定溶液对氧化钙的滴定度按下式计算,其值修约至 4 位小数:

$$T = \frac{cV_1}{V_2} \tag{3-31}$$

式中 T——EDTA 标准滴定溶液对氧化钙的滴定度,mg/mL;

c——移取氧化钙标准溶液的浓度,mg/mL;

V_1——移取氧化钙标准溶液的体积,mL;

V_2——消耗 EDTA 标准滴定溶液的体积,mL。

钙黄绿素-酚酞混合指示剂:称取 1 g 钙黄绿素($C_{30}H_{24}N_2Na_2O_{13}$)和 0.1 g 酚酞($C_{20}H_{14}O_4$)与 100 g 经 105～110 ℃烘干的氯化钾混匀、研细后保存于磨口瓶中。

2. 仪器设备

分析天平:感量不大于 0.000 1 g。

3. 试样

试样粒度小于 100 μm。试样在 105～110 ℃干燥 2～3 h,置于干燥器中冷却至室温。

4. 分析步骤

(1) 称取约 0.5 g(精确至 0.000 1 g)试样置于 200 mL 烧杯中,准确加入 10 mL 含钙乙酸溶液,盖上表面皿,摇散试样,在 90～95 ℃的水浴上保温 30 min(期间摇晃烧杯 3～4 次,每次使试样摇散),立即用定量慢速滤纸加少许纸浆过滤,用温水洗涤烧杯 2～3 次、洗不溶物 4～6 次,控制滤液总体积在 80 mL 左右,并保持每个试液体积一致,滤液承接于 250 mL 容量瓶中,用水稀释至标线,摇匀。此滤液为试液 A,用于氧化钙的测定。

(2) 将不溶残渣及滤纸放回原烧杯中,捣碎滤纸,加入 20 mL 硼酸溶液和 8 mL 盐酸,盖上表面皿,加热煮沸 1～2 min,加 30 mL 热水,在沸水浴中保温 30 min,搅拌使氟化钙溶解完全，取出冷却，移入 250 mL 容量瓶中，加水至 200 mL 左右，加入 2 mL 硫酸，用水稀释至标线，摇匀，放置澄清。

(3) 分取 20～50 mL 上述溶液的上层清液置于 250 mL 烧杯中，加水至 80 mL 左右，加入 5 mL 硼酸溶液、5 mL 三乙醇胺、20 mL 氢氧化钾溶液、适量的钙黄绿素-酚酞混合指示剂，以黑色为背景，用 EDTA 标准滴定溶液滴定至绿色荧光消失、红色出现为终点。

5. 数据处理

氟化钙的含量以质量分数 W_{CaF_2}(%)计，按下式计算：

$$W_{CaF_2} = \frac{T \times V_3 \times V_s \times 1.392\,3 \times 10^{-3}}{m_s \times V_4} \times 100 \tag{3-32}$$

式中　T——EDTA 标准滴定溶液对氧化钙的滴定度，mg/mL；

V_3——消耗 EDTA 标准滴定溶液的体积，mL；

V_s——试液总体积，mL；

m_s——试样质量，g；

V_4——分取试液的体积，mL；

1.392 3——氧化钙相当于氟化钙的换算系数。

分析结果计算至小数点后两位。测定结果的允许差见表 3-21。

表 3-21　测定结果的允许差

氟化钙含量/%	同一实验室允许差/%	不同实验室允许差/%
<30	0.35	0.40
≥30	0.45	0.50

参考文献

[1] 龚明光. 泡沫浮选[M]. 北京:冶金工业出版社,2007.

[2] 李延锋,张文军,孙永峰,等. 矿物加工实验技术[M]. 徐州:中国矿业大学出版社,2010.

[3] 吕宪俊,朱一民,刘晓文,等. 工艺矿物学[M]. 长沙:中南大学出版社,2011.

[4] 煤炭工业协会. 煤的工业分析方法 仪器法:GB/T 30732—2014[S]. 北京:中国标准出版社,2014.

[5] 邱俊,吕宪俊,陈平,等. 铁矿选矿技术[M]. 北京:化学工业出版社,2008.

[6] 全国黄金标准化技术委员会(SAC/TC 379). 金矿石化学分析方法 第1部分:金量的测定:GB/T 20899.1—2019[S]. 北京:中国标准出版社,2019.

[7] 王海舟. 铁矿石分析[M]. 北京:科学出版社,2000.

[8] 谢广元,张明旭,边炳鑫,等. 选矿学[M]. 徐州:中国矿业大学出版社,2010.

[9] 许时. 矿石可选性研究[M]. 北京:冶金工业出版社,2007.

[10] 杨家文. 碎矿与磨矿技术[M]. 北京:冶金工业出版社,2006.

[11] 于福家,印万忠,刘杰,等. 矿物加工实验方法[M]. 北京:冶金工业出版社,2010.

[12] 袁致涛,王常任. 磁电选矿[M]. 2版. 北京:冶金工业出版社,2011.

[13] 中国钢铁工业协会. 铁矿石分析方法总则及一般规定:GB/T 1361—2008[S]. 北京:中国标准出版社,2008.

[14] 中国钢铁工业协会. 铁矿石 硅含量的测定 硫酸亚铁铵还原-硅钼蓝分光光度法:GB/T 6730.9—2016 [S]. 北京:中国标准出版社,2016.

[15] 中国钢铁工业协会. 铁矿石 磷含量的测定 滴定法:GB/T 6730.20—2016 [S]. 北京:中国标准出版社,2016.

[16] 中国钢铁工业协会. 铁矿石 硫含量的测定 硫酸钡重量法:GB/T 6730.16—2016[S]. 北京:中国标准出版社,2016.

[17] 中国钢铁工业协会. 铁矿石 铅含量的测定 双硫腙分光光度法:GB/T 6730.42—2017 [S]. 北京:中国标准出版社,2017.

[18] 中国钢铁工业协会. 铁矿石 全铁含量的测定 三氯化钛还原法:GB/T 6730.5—2007 [S]. 北京:中国标准出版社,2008.

[19] 中国建筑材料工业协会. 石墨化学分析方法:GB/T 3521—2008[S]. 北京:中国标准出版社,2009.

[20] 中华人民共和国国土资源部. 铜矿石、铅矿石和锌矿石化学分析方法 第1部分:铜量测定:GB/T 14353.1—2010[S]. 北京:中国标准出版社,2011.

[21] 周晓四. 重力选矿技术[M]. 北京:冶金工业出版社,2006.

附　录

附录1　矿物加工工程专业实验教学大纲

课程编码			课程名称（中文）	矿物加工专业实验	
课程名称（英文）	Mineral Process Experiment				
实验性质	独立设课		课程属性	专业	
适用专业	矿物加工工程		先修课程	破碎磨矿、重力选矿、磁电选矿、浮选	
总学时	5～8周	实验学时	5～8周	总学分	5
制定单位			制定时间		

一、实验性质、目的和任务

矿物加工工程专业实验是矿物加工工程专业一个重要的实践性教学环节，主要进行矿物加工原理和矿物加工方法实验，强化学生对各种矿物加工方法基本理论、加工工艺及相应机械设备工作原理及其应用的实践能力。通过对实验现象的观察、思考，实验数据的整理、分析，帮助学生直观、理性地学习和了解矿物加工过程的基本规律、影响因素、应用领域及其拓展，提高认知层次；同时让学生掌握矿物加工基本实验环节的内容与方法，补充和深化课堂理论教学内容、强化课堂教学效果、提高专业知识水平。专业实验学习是学生全面学习、掌握、提高、拓展矿物加工学知识的必经途径，也是矿物加工专业教学内容体系重要的组成部分。

二、实验基本内容与要求

序号	实验项目	学时	内容与要求	实验类型	开出要求	
					必开	选开
1	显微镜下矿物含量的测定实验	2	在透光和反光系统下对常见矿物进行鉴定，并利用点测法、线测法和面测法对目标矿物进行定量	综合		√
2	矿物单体解离度测定	2	掌握偏反光显微镜的使用方法，强化理解单体解离度的概念，掌握单体解离度的测定方法与过程	验证		√
3	实验样品制备	2	了解实验样品制备过程的重要性，掌握制备实验样品的操作过程和技术要求	验证	√	

续表

序号	实验项目	学时	内容与要求	实验类型	开出要求	
					必开	选开
4	矿石破碎	2	了解实验室常用的颚式破碎机、辊式破碎机的结构和工作原理，学习破碎机排料口大小的调节方法，学会破碎效果的评价方法，掌握破碎比、破碎效率和细粒增量的计算方法	验证	√	
5	细粒物料粒度组成干式筛分	2	学习使用振筛机对松散细粒物料进行干法筛分的方法，学习筛分数据的处理及分析方法，研究、确定、分析物料的粒度组成及分布特性，学习、训练利用筛分实验结果进行数学分析及粒度特性曲线分析	验证	√	
6	粉体物料密度、安息角、崩溃角的测定	2	学习利用BT-1000型粉体综合性能测试仪测定松散物料的松散密度、真实密度、安息角、崩溃角的测定方法，学会物料表观密度的测定方法	验证		√
7	含泥、含水细粒物料粒度组成湿式筛分	2	学会使用标准筛对含泥、含水细粒物料进行湿式筛分的方法，学习筛分数据的处理及分析方法，研究、确定、分析物料的粒度组成及分布特性，学习、训练利用筛分实验结果进行数学分析及粒度特性曲线分析	验证	√	
8	物料可磨度测定	2	了解实验室小型球磨机的基本结构和工作原理，学习物料可磨度的常用评价方法，掌握绝对可磨度的测定方法，训练磨矿数据的处理、分析能力	验证		√
9	矿石磨矿实验	4	了解实验室湿式锥形球磨机的基本结构和工作原理，学习磨矿实验方法及影响磨矿效果的工艺参数，训练磨矿数据的处理、分析能力，掌握磨矿细度的测定方法，查明物料磨矿细度与磨矿时间之间的关系，了解磨矿浓度对磨矿细度的影响	验证	√	
10	松散物料密度组成测定（浮沉）	2	学习测定矿石松散物料密度组成的基本原理与方法，了解浮沉实验重液的配制方法；掌握浮沉实验的数据处理方法以及重选可选性曲线的绘制和分析方法	验证	√	
11	细粒物料螺旋溜槽重选	2	了解螺旋溜槽结构和工作原理，观察物料在螺旋溜槽中的运动状态与分离过程，了解螺旋溜槽分选实验的基本操作过程，了解影响螺旋溜槽分选效果的主要因素	验证	√	
12	细粒物料摇床重选	2	了解摇床的结构和工作原理，验证摇床分选的基本理论，观察分选过程中物料在床面上的扇形分布；了解影响摇床分选效果的主要因素与调节方法	验证	√	

续表

序号	实验项目	学时	内容与要求	实验类型	开出要求	
					必开	选开
13	细粒物料跳汰重选	2	了解跳汰机的结构和工作原理，验证跳汰分选的基本理论，了解影响跳汰分选效果的主要因素与调节方法	验证		√
14	矿物比磁化系数的测定	2	通过本实验，掌握使用磁力天平测定弱磁性矿物比磁化系数的原理和方法	验证		√
15	散体物料中强磁性矿物含量的测定	2	了解磁选管的结构、工作原理及操作方法，学会散体物料磁性物含量的测定方法，掌握实验的操作步骤	验证	√	
16	散体物料中强磁性矿物的弱磁分选	4	了解实验用磁选机的结构、工作原理及其操作方法，了解影响磁选效果的主要因素，掌握评价磁选效果的方法和指标	验证	√	
17	散体物料中弱磁性矿物的高梯度磁选	2	了解高梯度磁选机的基本结构和工作原理，加深对磁选原理的理解；了解高梯度磁选设备的基本调节与操作方法，熟悉基本操作过程；学会弱磁性物料的分选方法	验证	√	
18	矿物表面润湿接触角测定	2	了解接触角测定装置的基本结构和工作原理，学习测定物料接触角的基本操作，了解表面活性剂对物料接触角的影响及实际应用	验证		√
19	单元浮选	2	了解浮选机的结构、原理及操作过程，学习浮选实验的基本操作过程，观察、分析浮选过程	验证	√	
20	物料的静电分选	2	了解实验用电选机的结构、工作原理及其操作方法；了解影响电选效果的主要因素，掌握评价电选效果的方法和指标	验证		√
21	悬浮液絮凝沉降特性	2	掌握悬浮液沉降特性实验的基本操作方法；了解实验所用絮凝剂的性质和作用机理；绘制沉降特性曲线，计算沉降速度	验证		√
22	铁矿石分选实验	1周	针对特定的铁矿石原料和要求的分选指标，自行拟定实验方案，完成探索实验、条件实验和流程实验的全过程，编写完整的实验报告	设计研究	√	
23	铜矿石分选实验	1周	针对特定的铜矿石原料和要求的分选指标，自行拟定实验方案，完成探索实验、条件实验和流程实验的全过程，编写完整的实验报告	设计研究	√	
24	粗煤泥分选实验	1周	针对特定的粗煤原料和要求的分选指标，自行拟定实验方案，完成探索实验、条件实验和流程实验的全过程，编写完整的实验报告	设计研究	√	
25	萤石分选实验	1周	针对特定的萤石矿原料和要求的分选指标，自行拟定实验方案，完成探索实验、条件实验和流程实验的全过程，编写完整的实验报告	设计研究	√	

续表

序号	实验项目	学时	内容与要求	实验类型	开出要求	
					必开	选开
26	金矿石可选性实验	1周	针对特定的金矿石原料和要求的分选指标，自行拟定实验方案，完成探索实验、条件实验和流程实验的全过程，编写完整的实验报告	设计研究	√	
27	钛砂矿矿石可选性实验	1周	针对特定的钛砂矿矿石原料和要求的分选指标，自行拟定实验方案，完成探索实验、条件实验和流程实验的全过程，编写完整的实验报告	设计研究	√	
28	石墨分选实验	1周	针对特定的石墨原料和要求的分选指标，自行拟定实验方案，完成探索实验、条件实验和流程实验的全过程，编写完整的实验报告	设计研究	√	
29	铁矿石中全铁含量的测定	2	掌握采用重铬酸钾滴定法测定铁矿石中全铁品位的实验原理、实验方法以及数据处理和误差分析方法	综合	√	
30	铁矿石中铁物相的测定	2	掌握实验确定矿石中磁性铁、碳酸铁、硅酸铁、硫化铁、赤(褐)铁矿含量的方法、原理以及数据处理方法，理解各种铁物相的工艺矿物学意义	综合	√	
31	铜矿石中铜含量的测定	2	掌握利用火焰原子吸收分光光度法和氯化铵-氨水分离碘量法测定矿样中铜含量的实验原理、实验方法以及数据处理和误差分析方法	综合	√	
32	煤炭工业分析方法	4	掌握煤炭工业分析设备的结构和操作方法，掌握水分、灰分、挥发分测定的原理、方法以及数据处理和误差分析方法	综合	√	

备注：22～28项任选一项。

三、主要实验仪器设备

偏光显微镜、颚式破碎机、对辊破碎机、物料综合性能测定仪、标准套筛、锥形球磨机、磁力天平、磁选管、滚筒式磁选机、高梯度磁选机、静电电选机、螺旋溜槽、摇床、跳汰机、润湿角测定仪、浮选机、电选机、成套标准筛、马弗炉、烘箱、振动研样机、煤工业分析仪等。

四、考核与成绩评定

实验考核应贯穿实验的全过程，包括预习、操作、实验结果与实验报告，每个阶段均纳入考核。主要包括：平时成绩、书面考核、实际操作表现。最后按五分制评定实验课总成绩。

附录2　专业实验报告编写提纲

一、实验名称

实验名称应当简单明了，明确表明所做实验的基本目的，让阅读报告的人一目了然。

二、实验目的和实验基本原理

(1) 实验目的是对实验意图的进一步说明，即阐述该实验在专业学习或生产中的意义与作用。

(2) 实验基本原理是实验方法的理论根据或实验设计的指导思想。

该部分内容在教材中已有介绍，但一定要用自己的语言简要进行说明。

三、主要的实验操作步骤

实验操作步骤表明实验的操作顺序，一般包括试样制备、仪器准备、测试操作三大部分，要求用文字简要地说明。视具体情况也可以用简图、表格、反应式等表示，不必千篇一律。

四、实验数据记录与处理

(1) 实验现象记录包括实验环境有无变化，仪器运转是否正常，试样在处理或测试中有无变化，实验中有无异常或特殊的现象发生等。

(2) 原始数据记录时，应将测得的原始数据按有效数据的处理方法进行取舍，再按一定的格式整理出来，填写在自己预习时所设计的表格(或教材的表格)中。

(3) 结果计算。首先，应对实验数据做分析，按测试结果处理程序，先分析有无过失误差、系统误差和随机误差，并进行相应的处理；然后，计算每个试样的测试结果，再计算该批试样的测试结果，做出误差估计等。

(4) 实验结果有的需要用图形或表格的形式表示，在这种情况下，要在报告中列出图表。

五、实验结果分析

(1) 实验现象是否符合或偏离预定的设想，测量结果是否说明问题。

(2) 影响实验现象的发生或影响测试结果的因素。

六、实验结论

实验报告中应当明确写出实验结论，表述时注意言简意赅。测定对象物理性质的实验，必须写出测量的数值。验证型的实验，必须写出实验结果与理论推断结果是否相符。研究型的实验，要明确指出所研究的几个量之间的关系。

七、实验小结

包括实验存在的问题、实验感受及改进措施等。

八、思考题解答

思考题是在实验完成的基础上进一步提出的一些开阔学生视野、增加学生对实验理解的问题，所以写实验报告时不能忽视思考题。

附录3 专业实验守则

根据高校学生实验守则规定，结合本专业实验的特点，制定以下守则：

(1) 学生进入实验室必须遵守实验室规章制度，遵守课堂纪律，衣着整洁，保持安静，不得迟到早退，严禁喧哗、吸烟、吃零食、玩手机和随地吐痰。如有违反，指导教师有权停止其实验。

(2) 实验课前，要认真阅读教材和实验指导书，做好实验预习，明确实验目的、要求和注意事项。

(3) 实验课上专心听讲，服从指导教师的安排，严格按照设备操作规程进行操作，正确记录实验数据。

(4) 实验报告独立完成，不得互相抄袭或随意更改实验数据。

(5) 在使用大型精密仪器设备前，必须接受技术培训，经考核合格后方可使用。使用中要严格遵守操作规程，并详细填写使用记录。

(6) 爱护仪器设备，不得动用与本实验无关的其他仪器设备，要节约用水、电、试剂药品、元器件、材料等。如仪器、设备损坏要及时向指导教师报告，属责任事故的，应按有关文件规定赔偿。

(7) 注意实验安全，遵守安全规定，防止人身和仪器设备事故发生，一旦发生事故，要立即向指导教师报告并采取正确的应急措施，保护人身安全和财产安全。重大事故发生时要保护好现场，迅速向有关部门报告。

(8) 实验完毕要做好整理工作，将试剂、药品、工具、材料及公用仪器等放回原处，洗刷器皿，清扫实验场地，切断电源、气源、水源，经指导教师检查合格后方可离开。